宗白华 著

此刻
让美好发生

江西人民出版社
Jiangxi People's Publishing House
全 国 百 佳 出 版 社

图书在版编目（CIP）数据

此刻，让美好发生 / 宗白华著. -- 南昌 : 江西人民出版社, 2019.7

ISBN 978-7-210-11020-0

Ⅰ. ①此… Ⅱ. ①宗… Ⅲ. ①美学－文集 Ⅳ. ①B83-53

中国版本图书馆CIP数据核字(2019)第000391号

此刻，让美好发生

宗白华 / 著

责任编辑 / 冯雪松　韦祖建

出版发行 / 江西人民出版社

印刷 / 河北盛世彩捷印刷有限公司

版次 / 2019年7月第1版

2019年7月第1次印刷

880毫米×1230毫米　1/32　8印张

字数 / 160千字

ISBN 978-7-210-11020-0

定价 / 42.00元

赣版权登字-01-2019-11

如有质量问题,请寄回印厂调换。联系电话:0318-6658666

目录

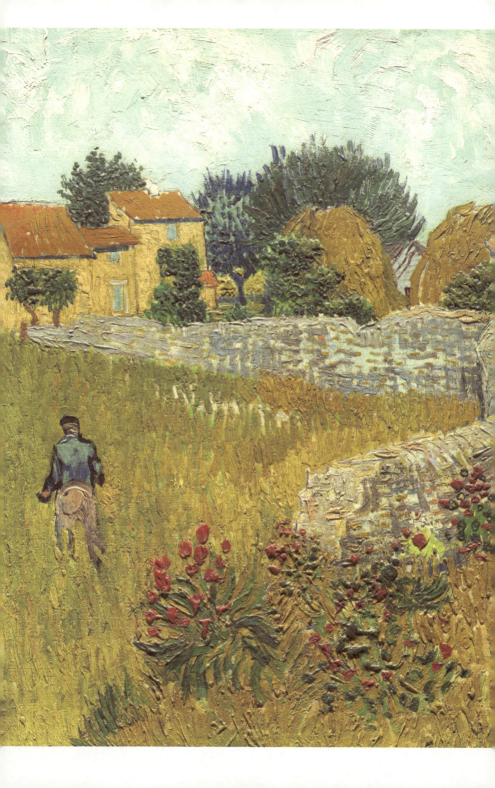

辑四　艺术生活

辑一

美的散步

美从何处寻

啊，诗从何处寻？

从细雨下，点碎落花声，

从微风里，飘来流水音，

从蓝空天末，摇摇欲坠的孤星！

——《流云小诗》

尽日寻春不见春，芒鞋踏遍陇头云。归来笑拈梅花嗅，春在枝头已十分。

——（宋）罗大经《鹤林玉露》中载某尼悟道诗

诗和春都是美的化身，一是艺术的美，一是自然的美。我们都是从目观耳听的世界里寻得她的踪迹。某尼悟道诗大有禅意，好像是说"道不远人"，不应该"道在迩而求诸远"。好像是说："如果你在自己的心中找不到美，那么，你就没有地方可以发现美的踪迹。"

然而梅花仍是一个外界事物呀，大自然的一部分呀！你的心不是"在"自己的心的过程里，在感觉、情绪、思维里找到美，而只是"通过"感觉、情绪、思维找到美，发现梅花里的美。美对于你的心，你的"美感"是客观的对象和存在。你如果要进一步认识她，你可以分析她的结构、形象，组成的各部分，得出"谐和"的规律，"节奏"的规律，表现的内容，丰富的启示，而不必顾到你自己的心的活动，你越能忘掉自我，忘掉你自己的情绪波动，思维起伏，你就越能够"漱涤万物，牢笼百态"（柳宗元语），你就会像一面镜子，像托尔斯泰那样，照见了一个世界，丰富了自己，也丰富了文化。人们会感谢你的。

那么，你在自己的心里就找不到美了吗？我说，我们的心灵起伏万变，情欲的波涛，思想的矛盾，当我们身在其中时，恐怕尝到的是苦闷，而未必是美。只有莎士比亚或巴尔扎克把它形象化了，表现在文艺里，或是你自己手之舞之，足之蹈之，把你的欢乐表现在舞蹈的形象里，或把你的忧郁歌咏在有节奏的诗歌里，甚至于在你的平日的行动里、语言里，一句话说来，就是你的心要具体地表现在形象里，那时旁人会看见你的心灵的美，你自己也才真正地切实地具体地发现你的心里的美。除此以外，恐怕不容易吧！你的心可以发现美的对象（人生的，社会的，自然的），这"美"对于你是客观的存在，不以你的意志为转移。（你的意志只能主使你的眼睛去看她或不去看她，而不能改变她。你能训练你的眼睛深一层地去认识她，却不能动摇她。希腊伟大的艺术不因中古时代的晦暗而减少它的光辉。）

宋朝某尼虽然似乎悟道，然而她的觉悟不够深，不够高，她不能发现整个宇宙已经盎然有春意，假使梅花枝上已经春满十分了。她在踏遍陇头云时是苦闷的、失望的。她把自己关在狭窄的心的圈子里了。只在自己的心里去找寻美的踪迹是不够的，是大有问题的。王羲之在《兰亭序》里说："仰观宇宙之大，俯察品类之盛，所以游目骋怀，足以极视听之娱，信可乐也。"这是东晋大书法家在寻找美的踪迹。他的书法传达了自然的美和精神的美。不仅是大宇宙，小小的事物也不可忽视。诗人华滋沃斯曾经说过："一朵微小的花对于我可以唤起不能用眼泪表出的那样深的思想。"

达到这样的、深入的美感，发现这样深度的美，是要在主观心理方面具有条件和准备的。我们的感情是要经过一番洗涤，克服了小己的私欲和利害计较。矿石商人仅只看到矿石的货币价值，而看不见矿石的美和特性。我们要把整个情绪和思想改造一下，移动了方向，才能面对美的形象，把美如实地和深入地反映到心里来，再把它放射出去，凭借物质创造形象给表达出来，才成为艺术。中国古代曾有人把这个过程唤作"移人之情"或"移我情"。琴曲《伯牙水仙操》的序上说：

伯牙学琴于成连，三年而成。至于精神寂寞，情之专一，未能得也。成连曰："吾之学不能移人之情，吾师有方子春在东海中。"乃赍粮从之，至蓬莱山，留伯牙曰："吾将迎吾师！"划船而去，旬日不返。伯牙心悲，延颈四望，但闻海水汩没，山林宵冥，群鸟悲号。仰天叹曰："先生将移我情！"乃援操而作歌云："繄洄澜兮流渐澫，舟楫逝兮仙不还，移形素兮蓬莱山，歆欽伤宫仙不还。"

伯牙由于在孤寂中受到大自然强烈的震撼，生活上的异常遭遇，整个心境受了洗涤和改造，才达到艺术的最深体会，把握到音乐的创造性的旋律，完成他的美的感受和创造。这个"移情说"比起德国美学家栗卜斯的"情感移入论"似乎还要深刻些，因为它说出现实生活中的体验和改造是"移情"的基础呀！并且"移易"和"移入"是不同的。

这里所理解的"移情"应当是我们审美的心理方面的积极因素和条件，而美学家所说的"心理距离""静观"，则构成审美的消极条件。女子郭六芳有一首诗《舟还长沙》说得好：

　　侬家家住两湖东，十二珠帘夕照红。今日忽从江上望，始知家在画图中。

自己住在现实生活里，没有能够把握它的美的形象。等到自己对自己的日常生活有相当的距离，从远处来看，才发现家在画图中，溶在自然的一片美的形象里。

但是在这主观心理条件之外也还需要客观的物的方面的条件。在这里是那夕照的红和十二珠帘的具有节奏与和谐的形象。宋人陈简斋的海棠诗云"隔帘花叶有辉光"，帘子造成了距离，同时它的线纹的节奏也更能把帘外的花叶纳进美的形象，增强了它的光辉闪灼，呈显出生命的华美，就像一段欢愉生活嵌在素朴而具有优美旋律的歌词里一样。

　　这节奏，这旋律，这和谐等等，它们是离不开生命的表现，它们不是死的机械的空洞的形式，而是具有内容，有表现，有丰富意义的具体形象。形象不是形式，而是形式和内容的统一，形式中每一个点、线、色、形、音、韵，都表现着内容的意义、情感、价值。所以诗人艾里略说："一个造出新节奏来的人，就是一个拓展了我们的感性并使它更为高明的人。"又说，"创造一种形式并不是仅仅发明一种格式、一种韵律或节奏，而也是这种韵律或节奏的整个合式的内容的发觉。莎士比亚的十四行诗并不仅是如此这般的一种格式或图形，而是一种恰是如此思想感情的方式"，而具有着理想的形式的诗是"如此这般的诗，以致我们看不见所谓诗，而但注意着诗所指示的东西"(《诗的作用和批评的作用》)。这里就是"美"，就是美感所受的具体对象。它是通过美感来摄取的美，而不是美感的主观的心理活动自身。就像物质的内部结构和规律是抽象思维所摄取的，但自身却不是抽象思维而是具体事物。所以专在心内搜寻是达不到美的踪迹的。美的踪迹要到自然、人生、社会的具体形象里去找。

但是心的陶冶，心的修养和锻炼是替美的发现和体验做准备的。创造"美"也是如此。捷克诗人里尔克在他的《柏列格的随笔》里有一段话精深微妙，梁宗岱曾把它译出，介绍如下：

　　……一个人早年作的诗是这般乏意义，我们应该毕生期待和采集，如果可能，还要悠长的一生；然后，到晚年，或者可以写出十行好诗。因为诗并不像大家所想象，徒是情感（这是我们很早就有了的），而是经验。单要写一句诗，我们得要观察过许多城许多人许多物，得要认识走兽，得要感到鸟儿怎样飞翔和知道小花清晨舒展的姿势。得要能够回忆许多远路和僻境，意外的邂逅，眼光望它接近的分离，神秘还未启明的童年，和容易生气的父母，当他给你一件礼物而你不明白的时候（因为那原是为别一人设的欢喜）和离奇变幻的小孩子的病，和在一间静穆而紧闭的房里度过的日子，海滨的清晨和海的自身，和那与星斗齐飞的高声呼号的夜间的旅行——而单是这些犹未足，还要享受过许多夜不同的狂欢，听过妇人产时的呻吟，和坠地便瞑目的婴儿轻微的哭声，还要曾经坐在临终人的床头和死者的身边，在那打开的、外边的声音一阵阵拥进来的房里。可是单有记忆犹未足，还要能够忘记它们，当它们太拥挤的时候，还要有很大的忍耐去期待它们回来。因为回忆本身还不是这个，必要等到它们变成我们的血液、眼色和姿势了，等到它们没有了名字而且不能别于我们自己了，那么，然后可以希望在极难得的顷刻，在它们当中伸出一句诗的头一个字来。

这里是大诗人里尔克在许许多多的事物里、经验里，去踪迹诗，去发现美，多么艰辛的劳动呀！他说：诗不徒是感情，而是经验。现在我们也就转过方向，从客观条件来考察美的对象的构成。改造我们的感情，使它能够发现美，中国古人曾经把这唤作"移我情"，改变着客观世界的现象，使它能够成为美的对象，中国古人曾经把这唤作"移世界"。

"移我情""移世界"，是美的形象涌现出来的条件。

我们上面所引长沙女子郭六芳诗中说过"今日忽从江上望，始知家在画图中"，这是心理距离构成审美的条件。但是"十二珠帘夕照红"却构成这幅美的形象的客观的积极的因素。夕照、月明、灯光、帘幕、薄纱、轻雾，人人知道是助成美的出现的有力的因素，现代的照相术和舞台布景知道这个而尽量利用着。中国古人曾经唤作"移世界"。

明朝文人张大复在他的《梅花草堂笔谈》里记述着：

邵茂齐有言，天上月色能移世界，果然！故夫山石泉涧，梵刹园亭，屋庐竹树，种种常见之物，月照之则深，蒙之则净，金碧之彩，披之则醇，惨悴之容，承之则奇，浅深浓淡之色，按之望之，则屡易而不可了。以至河山大地，邈若皇古，犬吠松涛，远于岩谷，草生木长，闲如坐卧。人在月下，亦尝忘我之为我也。今夜严叔向，置酒破山僧舍，起步庭中，幽华可爱。旦视之，酱盎纷然，瓦石布地而已，戏书此以信茂齐之话，时十月十六日，万历丙午三十四年也。

月亮真是一个大艺术家，转瞬之间替我们移易了世界，美的形象，涌现在眼前。但是第二天早晨起来看，瓦石布地而已。于是有人得出结论说：美是不存在的。我却要更进一步推论说，瓦石也只是无色无形的原子或电磁波，而这个也只是思想的假设，我们能抓住的只是一堆抽象数学方程式而已。什么究竟是真实的存在？所以我们要回转头来说，我们现实生活里直接经验到，不以我们的意志为转移的、丰富多彩的、有声有色有形有相的世界就是真实存在的世界，这是我们生活和创造的园地。所以马克思很欣赏近代唯物论的第一个创始者培根的著作里所说的物质以其感觉的诗意的光辉向着整个的人微笑（见《神圣家族》），而不满意霍布士的唯物论里"感觉失去了它的光辉而变为几何学家的抽象感觉，唯物论变成了厌世论"。在这里物的感性的质、光、色、声、热等不是物质所固有的了，光、色、声中的美更成了主观的东西，于是世界成了灰白色的骸骨，机械的死的过程。恩格斯也主张我们的思想要像一面镜子，如实地反映这多彩的世界。美是存在着的！世界是美的，生活是美的。它和真和善是人类社会努力的目标，是哲学探索和建立的对象。

美不但是不以我们的意志为转移的客观存在，反过来，它影响着我们，教育着我们，提高生活的境界和意趣。它的力量大极了，它也可以倾国倾城。希腊大诗人荷马的著名史诗《伊利亚特》歌咏希腊联军围攻特罗亚九年，为的是夺回美人海伦，而海伦的美叫他们感到九年的辛劳和牺牲不是白费的。现在引述这一段名句：

> 特罗亚长老们也一样的高踞城雉，
>
> 当他们看见了海伦在城垣上出现，
>
> 老人们便轻轻低语，彼此交谈机密：
>
> "怪不得特罗亚人和坚胫甲阿开人
>
> 为了这个女人这么久忍受苦难呢，
>
> 她看来活像一个青春长住的女神。
>
> 可是，尽管她多美，也让她乘船去吧，
>
> 别留这里给我们子子孙孙作祸根。"
>
> ——缪朗山译《伊利亚特》

荷马不用浓丽的辞藻来描绘海伦的容貌，而从她的巨大的惨酷的影响和力量轻轻地点出她的倾国倾城的美。这是他的艺术高超处，也是后人所赞叹不已的。

我们寻到美了吗？我说，我们或许接触到美的力量，肯定了她的存在，而她的无限的丰富内涵却是不断地待我们去发现；千百年来的诗人艺术家已经发现了不少，保藏在他们的作品里，千百年后的世界仍会有新的表现。"每一个造出新节奏来的人，就是一个拓展了我们的感性并使它更为高明的人！"

美学的散步

小言

　　散步是自由自在、无拘无束的行动，它的弱点是没有计划，没有系统。看重逻辑统一性的人会轻视它，讨厌它，但是西方建立逻辑学的大师亚里士多德的学派却唤作"散步学派"，可见散步和逻辑并不是绝对不相容的。中国古代一位影响不小的哲学家——庄子，他好像整天是在山野里散步，观看着鹏鸟、小虫、蝴蝶、游鱼，又在人间世里凝视一些奇形怪状的人：驼背、跛脚、四肢不全、心灵不正常的人，很像意大利文艺复兴时大天才达·芬奇在米兰街头散步时速写下来的一些"戏画"，现在竟成为"画院的奇葩"。庄子文章里所写的那些奇特人物大概就是后来唐宋画家画罗汉时心目中的范本。

　　散步的时候可以偶尔在路旁折到一枝鲜花，也可以在路上拾起别人弃之不顾而自己感到兴趣的燕石。

无论鲜花或燕石，不必珍视，也不必丢掉，放在桌上可以做散步后的回念。

诗（文学）和画的分界

苏东坡论唐朝大诗人兼画家王维（摩诘）的《蓝田烟雨图》说："味摩诘之诗，诗中有画；观摩诘之画，画中有诗。诗曰：'蓝溪白石出，玉山红叶稀。山路元无雨，空翠湿人衣。'此摩诘之诗也。或曰：'非也，好事者以补摩诘之遗。'"

以上是东坡的话，所引的那首诗，不论它是不是好事者所补，把它放到王维和裴迪所唱和的辋川绝句里去是可以乱真的。这确是一首"诗中有画"的诗。"蓝溪白石出，玉山红叶稀"，可以画出来成为一幅清奇冷艳的画，但是"山路元无雨，空翠湿人衣"二句，却是不能在画面上直接画出来的。假使刻舟求剑似的画出一个人穿了一件湿衣服，即使不难看，也不能把这种意味和感觉像这两句诗那样完全传达出来。好画家可以设法暗示这种意味和感觉，却不能直接画出来，这位补诗的人也正是从王维这幅画里体会到这种意味和感觉，所以用"山路元无雨，空翠湿人衣"这两句诗来补足它。这幅画上可能并不曾画有人物，那会更好地暗示这感觉和意味。而另一位诗人可能体会不同而写出别的诗句来。画和诗毕竟是两回事。诗中可以有画，像头两句里所写的，但诗不全是画。而那不能直接画出来的后两句恰正是"诗中之诗",正是构成这首诗是诗而不是画的精要部分。

然而那幅画里若不能暗示或启发人写出这诗句来,它可能是一张很好的写实照片,却又不能成为真正的艺术品——画,更不是大诗画家王维的画了。这"诗"和"画"的微妙的辩证关系不是值得我们深思探索的吗?

宋朝文人晁以道有诗云:"画写物外形,要物形不改,诗传画外意,贵有画中态。"这也是论诗画的离合异同。画外意,待诗来传,才能圆满,诗里具有画所写的形态,才能形象化、具体化,不至于太抽象。

但是王安石《明妃曲》诗云:"意态由来画不成,当时枉杀毛延寿。"他是个喜欢做翻案文章的人,然而他的话是有道理的。美人的意态确是难画出的,东施以活人来效颦西施尚且失败,何况是画家调脂弄粉。那画不出的"巧笑倩兮,美目盼兮",古代诗人随手拈来的这两句诗,却使孔子以前的中国美人如同在我们眼面前。达·芬奇用了四年工夫画出蒙娜丽莎的美目巧笑,在该画初完成时,当也能给予我们同样新鲜生动的感受。现在我却觉得我们古人这两句诗仍是千古如新,而油画受了时间的侵蚀,后人的补修,已只能令人在想象里追寻旧影了。我曾经坐在原画前默默领略了一小时,口里念着我们古人的诗句,觉得诗启发了画中意态,画给予诗以具体形象,诗画交辉,意境丰满,各不相下,各有千秋。

达·芬奇在这画像里突破了画和诗的界限,使画成了诗。谜样的微笑，勾引起后来无数诗人心魂震荡，感觉这双妙目巧笑，深远如海，味之不尽，天才真是无所不可。但是画和诗的分界仍是不能泯灭的，也是不应该泯灭的，各有各的特殊表现力和表现领域。探索这微妙的分界，正是近代美学开创时为自己提出了的任务。

18世纪德国思想家莱辛开始提出这个问题，发表他的美学名著《拉奥孔》（或称《论画和诗的分界》）。但《拉奥孔》却是主要地分析着希腊晚期一座雕像群，拿它代替了对画的分析，雕像同画同是空间里的造型艺术，本可相通。而莱辛所说的诗也是指的戏剧和史诗，这是我们要记住的。因为我们谈到诗往往是偏重抒情诗。固然这也是相通的，同是属于在时间里表现其境界与行动的文学。

拉奥孔（Laokoon）是希腊古代传说里特罗亚城一个祭师，他对他的人民警告了希腊军用木马偷运兵士进城的诡计，因而触怒了袒护希腊人的阿波罗神。当他在海滨祭祀时，他和他的两个儿子被两条从海边游来的大蛇捆绕着他们三人的身躯，拉奥孔被蛇咬着，环视两子正在垂死挣扎，他的精神和肉体都陷入莫大的悲愤痛苦之中。拉丁诗人维琪尔曾在史诗中咏述此景，说拉奥孔痛极狂吼，声震数里，但是发掘出来的希腊晚期雕像群著名的拉奥孔（现存罗马梵蒂冈博物院），却表现着拉奥孔嘴仅微启开呻吟着，并不是狂吼，全部雕像给人的印象是在极大的悲剧的苦痛里保持着镇定、静穆。德国的古代艺术史学者温克尔曼对这雕像群写了一段影响深远的描述，影响着歌德及德国许多古典作家和美学家，掀起了纷纷的讨论。现在我先将他这段描写介绍出来，然后再谈莱辛由此所发挥的画和诗的分界。

温克尔曼（Winckelmann，1717—1768）在他的早期著作《关于在绘画和雕刻艺术里模仿希腊作品的一些意见》里曾有下列一段论希腊雕刻的名句：

希腊杰作的一般主要的特征是一种高贵的单纯和一种静穆的伟大，既在姿态上，也在表情里。

就像海的深处永远停留在静寂里，不管它的表面多么狂涛汹涌，在希腊人的造像里那表情展示一个伟大的沉静的灵魂，尽管是处在一切激情里面。

在极端强烈的痛苦里，这种心灵描绘在拉奥孔的脸上，并且不单在脸上。在一切肌肉和筋络所展现的痛苦，不用向脸上和其他部分去看，仅仅看到那因痛苦而向内里收缩着的下半身，我们几乎会在自己身上感觉着。然而这痛苦，我说，并不曾在脸上和姿态上用愤激表示出来。他没有像维琪尔在他拉奥孔（诗）里所歌咏的那样喊出可怕的悲叫，因嘴的孔穴不允许这样做（白华按：这是指雕像的脸上张开了大嘴，显示一个黑洞，很难看，破坏了美），这里只是一声畏怯的敛住气的叹息，像沙多勒所描写的。

身体的痛苦和心灵的伟大是经由形体全部结构用同等的强度分布着，并且平衡着。拉奥孔忍受着，像索福克勒斯（Sophocles）的菲诺克太特（Philoctet）：他的困苦感动到我们的深心里，但是我们愿望也能够像这个伟大人格那样忍耐困苦。一个这样伟大心灵的表情远远超越了美丽自然的构造物。艺术家必须先在自己内心里感觉到他要印入他的大理石里的那精神的强度。希腊具有集合艺术家与圣哲于一身的人物，并且不止一个梅特罗多。智慧伸手给艺术而将超俗的心灵吹进艺术的形象。

莱辛认为温克尔曼所指出的拉奥孔脸上并没有表示人所期待的那样强烈苦痛的疯狂表情，是正确的。但是温克尔曼把理由放在希腊人的智慧克制着内心感情的过分表现上，这是他所不能同意的。

肉体遭受剧烈痛苦时大声喊叫以减轻痛苦，是合乎人情的，也是很自然的现象。希腊人的史诗里毫不讳言神们的这种人情味。维纳斯（美丽的爱神）玉体被刺痛时，不禁狂叫，没有时间照顾到脸相的难看了。荷马史诗里战士受伤倒地时常常大声叫痛。照他们的事业和行动来看，他们是超凡的英雄；照他们的感觉情绪来看，他们仍是真实的人。所以拉奥孔在希腊雕像上那样微呻不是由于希腊人的品德如此，而应当到各种艺术的材料的不同、表现可能性的不同和它们的限制去找它的理由。莱辛在他的《拉奥孔》里说：

有一些激情和某种程度的激情，它们经由极丑的变形表现出来，以至于将身体陷入那样勉强的姿态里，使他的在静息状态里具有的一切美丽线条都丧失掉了。因此古代艺术家完全避免这个，或是把它的程度降低下来，使它能够保持某种程度的美。

把这思想运用到拉奥孔上，我所追寻的原因就显露出来了。那位巨匠是在所假定的肉体的巨大痛苦情况下企图实现最高的美。在那丑化着一切的强烈情感里，这痛苦是不能和美相结合的。巨匠必须把痛苦降低些；他必须把狂吼软化为叹息；并不是因为狂吼暗示着一个不高贵的灵魂，而是因为它把脸相在一难堪的样式里丑化了。人们只要设想拉奥孔的嘴大大张开着而评判一下。人们让他狂吼着再看看……

莱辛的意思是：并不是道德上的考虑使拉奥孔不像在史诗里这样痛极大吼，而是雕刻的物质的表现条件在直接观照里显得不美（在史诗里无此情况），因而雕刻家（画家也一样）须将表现的内容改动一下，以配合造型艺术由于物质表现方式所规定的条件。这是各种艺术的特殊的内在规律，艺术家若不注意它，遵守它，就不能实现美，而美是艺术的特殊目的。若放弃了美，艺术可以供给知识，宣扬道德，服务于实际的某一目的，但不是艺术了。艺术须能表现人生的有价值的内容，这是无疑的。但艺术作为艺术而不是文化的其他部门，它就必须同时表现美，把生活内容提高、集中、精粹化，这是它的任务。根据这个任务各种艺术因物质条件不同就具有了各种不同的内在规律。拉奥孔在史诗里可以痛极大吼，声闻数里，而在雕像里却变成小口微呻了。

莱辛这个创造性的分析启发了以后艺术研究的深入，奠定艺术科学的方向，虽然他自己的研究仍是有局限性的。造型艺术和文学的界限并不如他所说的那样窄狭、严格，艺术天才往往突破规律而有所成就，开辟新领域、新境界。罗丹就曾创造了疯狂大吼、躯体扭曲，失了一切美的线纹的人物，而仍不失为艺术杰作，创造了一种新的美。但莱辛提出问题是好的，是需要进一步做科学的探讨的，这是构成美学的一个重要部分。所以近代美学家颇有用《新拉奥孔》标名他的著作的。

我现在翻译他的《拉奥孔》里一段具有代表性的文字，论诗里和造型艺术里的身体美，这段文字可以献给朋友在美学散步中做思考资料。莱辛说：

　　身体美是产生于一眼能够全面看到的各部分协调的结果。因此要求这些部分相互并列着，而这各部分相互并列着的事物正是绘画的对象。所以绘画能够、也只有它能够摹绘身体的美。

　　诗人只能将美的各要素相继地指说出来，所以他完全避免对身体的美作为美来描绘。他感觉到把这些要素相继地列数出来，不可能获得像它并列时那种效果，我们若想根据这相继地一一指说出来的要素而向它们立刻凝视，是不能给予我们一个统一的协调的图画的。要想构想这张嘴和这个鼻子和这双眼睛集在一起时会有怎样一个效果是超越了人的想象力的，除非人们能从自然里或艺术里回忆到这些部分组成的一个类似的结构（白华按：读"巧笑倩兮"时不用做此笨事，不用设想是中国或西方美人而情态如见，诗意具足，画意也具足）。

在这里，荷马常常是模范中的模范。他只说，尼葸斯是美的，阿奚里更美，海伦具有神仙似的美。但他从不陷落到这些美的周密的啰唆的描述。他的全诗可以说是建筑在海伦的美上面的，一个近代的诗人将要怎样冗长地来叙说这美呀！

但是如果人们从诗里面把一切身体美的画面去掉，诗不会损失过多少？谁要把这个从诗里去掉？当人们不愿意它追随一个姊妹艺术的脚步来达到这些画面时，难道就关闭了一切别的道路了吗？正是这位荷马，他这样故意避免一切片断地描绘身体美的，以至于我们在翻阅时很不容易地有一次获悉海伦具有雪白的臂膀和金色的头发（《伊利亚特》Ⅳ，第319行），正是这位诗人他仍然懂得使我们对她的美获得一个概念，而这一美的概念是远远超过了艺术在这企图中所能到达的。人们试回忆诗中那一段，当海伦到特罗亚人民的长老集会面前，那些尊贵的长老们瞥见她时，一个对一个耳边说：

"怪不得特罗亚人和坚胫甲阿开人，为了这个女人这么久忍受苦难呢，看来她活像一个青春常驻的女神。"

还有什么能给我们一个比这更生动的美的概念，当这些冷静的长老们也承认她的美是值得这一场流了这许多血，洒了那么多泪的战争的呢？

凡是荷马不能按照着各部分来描绘的，他让我们在它的影响里来认识。诗人呀，画出那"美"所激起的满意、倾倒、爱、喜悦，你就把美自身画出来了。谁能构想莎茀所爱的那个对方是丑陋的，当莎茀承认她瞥见他时丧魂失魄。谁不相信是看到了美的完满的形体，当他对于这个形体所激起的情感产生了同情。

文学追赶艺术描绘身体美的另一条路，就是这样：它把"美"转化作魅惑力。魅惑力就是美在"流动"之中。因此它对于画家不像对于诗人那么便当。画家只能叫人猜到"动"，事实上他的形象是不动的。因此在它那里魅惑力会变成了做鬼脸。但是在文学里魅惑力是魅惑力，它是流动的美，它来来去去，我们盼望能再度地看到它。又因为我们一般地能够较为容易地生动地回忆"动作"，超过单纯的形式或色彩，所以魅惑力较之"美"在同等的比例中对我们的作用要更强烈些。

甚至于安拉克耐翁（希腊抒情诗人），宁愿无礼貌地请画家无所作为。假使他不拿魅惑力来赋予他的女郎的画像，使她生动。"在她的香腮上一个酒窝，绕着她的玉颈一切的爱娇浮荡着"（《颂歌》第二十八）。他命令艺术家让无限的爱娇环绕着她的温柔的腮，云石般的颈项！照这话的严格的字义，这怎样办呢？这是绘画所不能做到的。画家能够给予腮巴最艳丽的肉色；但此外他就不能再有所作为了。这美丽颈项的转折，肌肉的波动，那俊俏酒窝因之时隐时现，这类真正的魅惑力是超出了画家能力的范围了。诗人（指安拉克耐翁）是说出了他的艺术是怎样才能够把"美"对我们来形象化感性化的最高点，以便让画家能在他的艺术里寻找这个最高的表现。

　　这是对我以前所阐述的话一个新的例证，这就是说，诗人即使在谈论到艺术作品时，仍然是不受束缚于把他的描写保守在艺术的限制以内的"（白华按：这话是指诗人要求画家能打破画的艺术的限制，表出诗的境界来。但照莱辛的看法，这界限仍是存在的）。

莱辛对诗（文学）和画（造型艺术）的深入的分析，指出它们的各自的局限性，各自的特殊的表现规律，开创了对于艺术形式的研究。

　　诗中有画，而不全是画，画中有诗，而不全是诗。诗画各有表现的可能性范围，一般地说来，这是正确的。

　　但中国古代抒情诗里有不少是纯粹的写景，描绘一个客观境界，不写出主体的行动，甚至于不直接说出主观的情感，像王国维在《人间词话》里所说的"无我之境"，但却充满了诗的气氛和情调。我随便拈一个例证并稍加分析。

　　唐朝诗人王昌龄一首题为《初日》的诗云：

　　　　初日净金闺，先照床前暖。斜光入罗幕，稍稍亲丝管。云发不能梳，杨花更吹满。

这诗里的境界很像一幅近代印象派大师的画，画里现出一座晨光射入的香闺，日光在这幅画里是活跃的主角，它从窗门跳进来，跑到闺女的床前，散发着一股温暖，接着穿进了罗帐，轻轻抚摩一下榻上的乐器——闺女所吹弄的琴瑟箫笙——枕上的如云的美发还散开着，杨花随着晨风春日偷进了闺房，亲昵地躲上那枕边的美发上。诗里并没有直接描绘这金闺少女（除非"云发"二字暗示着），然而一切的美是归于这看不见的少女的。这是多么艳丽的一幅油画呀！

王昌龄这首诗，使我想起德国近代大画家门采尔的一幅油画（门采尔的素描1956年曾在北京展览过），那画上也是灿烂的晨光从窗门撞进了一间卧室，乳白的光辉浸漫在长垂的纱幕上，随着落上地板，又返跳进入穿衣镜，又从镜里跳出来，抚摩着椅背，我们感到晨风清凉，朝日温煦。室里的主人是在画面上看不见的，她可能是在屋角的床上坐着。（这晨风沁人，怎能还睡？）

太阳的光

洗着她早起的灵魂，

天边的月

犹似她昨夜的残梦。

——《流云小诗》

门采尔这幅画全是诗，也全是画，王昌龄那首诗全是画，也全是诗。诗和画里都是演着光的独幕剧，歌唱着光的抒情曲。这诗和画的统一不是和莱辛所辛苦分析的诗画分界相抵触吗？

我觉得不是抵触而是补充了它，扩张了它们相互的蕴涵。画里本可以有诗（苏东坡语），但是若把画里每一根线条，每一块色彩，每一条光，每一个形都饱吸着浓情蜜意，它就成为画家的抒情作品，像伦勃朗的油画，中国元人的山水。

诗也可以完全写景，写"无我之境"。而每句每字却反映出自己对物的抚摩，和物的对话，表出对物的热爱，像王昌龄的《初日》那样，那纯粹的景就成了纯粹的情，就是诗。

但画和诗仍是有区别的。诗里所咏的光的先后活跃，不能在画面上同时表出来，画家只能捉住意义最丰满的一刹那，暗示那活动的前因后果，在画面的空间里引进时间感觉。而诗像《初日》里虽然境界华美，却赶不上门采尔油画上那样光彩耀目，直射眼帘。然而由于诗叙写了光的活跃的先后曲折的历程，更能丰富着和加深着情绪的感受。

诗和画各有它的具体的物质条件，局限着它的表现力和表现范围，不能相代，也不必相代。但各自又可以把对方尽量吸进自己的艺术形式里来。诗和画的圆满结合（诗不压倒画，画也不压倒诗，而是相互交流交浸），就是情和景的圆满结合，也就是所谓"艺术意境"。我在十几年前曾写了一篇《中国艺术意境之诞生》，对中国诗和画的意境做了初步的探索，可以供散步的朋友们参考，现在不再细说了。

论文艺的空灵与充实

　　周济（止庵）《宋四家词选》里论作词云："初学词求空，空则灵气往来！既成格调，求实，实则精力弥满。"

　　孟子曰："充实之谓美。"

　　从这两段话里可以建立一个文艺理论，试一述之：先看文艺是什么？画下面一个图来说明：

一切生活部门都有技术方面，想脱离苦海求出世间法的宗教家，当他修行证果的时候，也要有程序、步骤、技术，何况物质生活方面的事件？技术直接处理和活动的范围是物质界。它的成绩是物质文明，经济建筑在生产技术的上面，社会和政治又建筑在经济上面。然经济生产有待于社会的合作和组织，社会的推动和指导有待于政治力量。政治支配着社会，调整着经济，能主动，不必尽为被动的。这因果作用是相互的。政与教又是并肩而行，领导着全体的物质生活和精神生活。古代政教合一，政治的领袖往往同时是大教主、大祭师。现代政治必须有主义做基础，主义是现代人的宇宙观和信仰。然而信仰已经是精神方面的事，从物质界、事务界伸进精神界了。

人之异于禽兽者有理性、有智慧，他是知行并重的动物。知识研究的系统化，成科学。综合科学知识和人生智慧建立宇宙观、人生观，就是哲学。

哲学求真，道德或宗教求善，介乎二者之间表达我们情绪中的深境和实现人格的谐和的是"美"。

文学艺术是实现"美"的。文艺从它左邻"宗教"获得深厚热情的灌溉，文学艺术和宗教携手了数千年，世界最伟大的建筑雕塑和音乐多是宗教的。第一流的文学作品也基于伟大的宗教热情。《神曲》代表着中古的基督教。《浮士德》代表着近代人生的信仰。

文艺从它的右邻"哲学"获得深隽的人生智慧、宇宙观念，使它能执行"人生批评"和"人生启示"的任务。

艺术是一种技术，古代艺术家本就是技术家（手工艺的大匠）。现代及将来的艺术也应该特重技术。然而他们的技术不只是服役于人生（像工艺），而是表现着人生，流露着情感个性和人格的。

生命的境界广大，包括着经济、政治、社会、宗教、科学、哲学。这一切都能反映在文艺里。然而文艺不只是一面镜子，映现着世界，且是一个独立的自足的形象创造。它凭着韵律、节奏、形式的和谐、彩色的配合，成立一个自己的有情有象的小宇宙；这宇宙是圆满的、自足的，而内部一切都是必然性的，因此是美的。

文艺站在道德和哲学旁边能并立而无愧。它的根基却深深地植在时代的技术阶段和社会政治的意识上面，它要有土腥气，要有时代的血肉，纵然它的头须伸进精神的光明的高超的天空，指示着生命的真谛，宇宙的奥境。

文艺境界的广大，和人生同其广大；它的深邃，和人生同其深邃，这是多么丰富、充实！孟子曰："充实之谓美。"这话当作如是观。

然而它又需超凡入圣，独立于万象之表，凭它独创的形象，范铸一个世界，冰清玉洁，脱尽尘滓，这又是何等的空灵？

空灵和充实是艺术精神的两元，先谈空灵！

一 空灵

艺术心灵的诞生，在人生忘我的一刹那，即美学上所谓"静照"。静照的起点在于空诸一切，心无挂碍，和世务暂时绝缘。这时一点觉心，静观万象，万象如在镜中，光明莹洁，而各得其所，呈现着它们各自的充实的、内在的、自由的生命，所谓"万物静观皆自得"。这自得的、自由的各个生命在静默里吐露光辉。苏东坡诗云：

　　静故了群动，空故纳万境。

王羲之云：

　　从山阴道上行，如在镜中游。

　　空明的觉心，容纳着万境，万境浸入人的生命，染上了人的性灵。所以周济说："初学词求空，空则灵气往来。"灵气往来是物象呈现着灵魂生命的时候，是美感诞生的时候。

　　所以美感的养成在于能空，对物象造成距离，使自己不沾不滞，物象得以孤立绝缘，自成境界：舞台的帘幕，图画的框廓，雕像的石座，建筑的台阶、栏杆，诗的节奏、韵脚，从窗户看山水、黑夜笼罩下的灯火街市、明月下的幽淡小景，都是在距离化、间隔化条件下诞生的美景。

　　李方叔词《虞美人》过拍云："好风如扇雨如帘，时见岸花汀草涨痕添。"

　　李商隐词："画檐簪柳碧如城，一帘风雨里，过清明。"

风风雨雨也是造成间隔化的好条件，一片烟水迷离的景象是诗境，是画意。

中国画堂的帘幕是造成深静的词境的重要因素，所以词中常爱提到。韩持国的词句：

　　燕子渐归春悄，帘幕垂清晓。

况周颐评之曰："境至静矣，而此中有人，如隔蓬山，思之思之，遂由静而见深。"

董其昌曾说："摊烛下作画，正如隔帘看月，隔水看花！"他们懂得"隔"字在美感上的重要。

然而这还是依靠外界物质条件造成的"隔"。更重要的还是心灵内部方面的"空"。司空图《诗品》里形容艺术的心灵当如"空潭泻春，古镜照神"，形容艺术人格为"落花无言，人淡如菊"，"神出古异，淡不可收"。艺术的造诣当"遇之匪深，即之愈稀"，"遇之自天，泠然希音"。

精神的淡泊，是艺术空灵化的基本条件。欧阳修说得最好："萧条淡泊，此难画之意，画家得之，览者未必识也。故飞动迟速，意浅之物易见，而闲和严静，趣远之心难形。"萧条淡泊，闲和严静，是艺术人格的心襟气象。这心襟、这气象能令人"事外有远致"，艺术上的神韵油然而生。陶渊明所爱的"素心人"，指的是这境界。他的一首《饮酒》诗更能表出诗人这方面的精神状态：

结庐在人境，而无车马喧。问君何能尔，心远地自偏。采菊东篱下，悠然见南山。山气日夕佳，飞鸟相与还。此中有真意，欲辨已忘言。

陶渊明爱酒，晋人王蕴说："酒正使人人自远。""自远"是心灵内部的距离化。

然而"心远地自偏"的陶渊明才能"悠然见南山"，并且体会到"此中有真意，欲辨已忘言"。可见艺术境界中的空并不是真正的空，乃是由此获得"充实"，由"心远"接近到"真意"。

晋人王荟说得好："酒正引人著胜地。"这使人人自远的酒正能引人著胜地。这胜地是什么？不正是人生的广大、深邃和充实？于是谈"充实"！

二　充实

尼采说艺术世界的构成由于两种精神：一是"梦"，梦的境界是无数的形象（如雕刻）；一是"醉"，醉的境界是无比的豪情（如音乐）。这豪情使我们体验到生命里最深的矛盾、广大的复杂的纠纷；"悲剧"是这壮阔而深邃的生活的具体表现。所以西洋文艺顶推重悲剧。悲剧是生命充实的艺术。西洋文艺爱气象宏大、内容丰满的作品。荷马、但丁、莎士比亚、塞万提斯、歌德，直到近代的雨果、巴尔扎克、斯丹达尔、托尔斯泰等，莫不启示一个悲壮而丰实的宇宙。

歌德的生活经历着人生各种境界，充实无比。杜甫的诗歌最为沉着深厚而有力，也是由于生活经验的充实和情感的丰富。

周济论词空灵以后主张："求实，实则精力弥满。精力弥满则能赋情独深，冥发妄中，虽铺叙平淡，摹绘浅近，而万感横集，五中无主，读其篇者，临渊窥鱼，意为鲂鲤，中宵惊电，罔识东西，赤子随母啼笑，乡人缘剧喜怒。"这话真能形容一个内容充实的创作给我们的感动。

司空图形容这壮硕的艺术精神说："天风浪浪，海山苍苍。真力弥满，万象在旁。""返虚入浑，积健为雄。""生气远出，不著死灰。妙造自然，伊谁与裁。""是有真宰，与之浮沉。""吞吐大荒，由道反气。""与道适往，著手成春。""行神如空，行气如虹！"艺术家精力充实，气象万千，艺术的创造追随真宰的创造。

黄子久（元代大画家）终日只在荒山乱石、丛木深篠中坐，意态忽忽，人不测其为何。又每往泖中通海处看急流轰浪，虽风雨骤至，水怪悲诧而不顾。

他这样沉酣于自然中的生活，所以他的画能"沉郁变化，与造化争神奇"。六朝时宗炳曾论作画云，"万趣融其神思"，不是画家这丰富心灵的写照吗？

中国山水画趋向简淡，然而简淡中包具无穷境界。倪云林画一树一石，千岩万壑不能过之。恽南田论元人画境中所含丰富幽深的生命，说得最好：

> 元人幽秀之笔，如燕舞飞花，揣摹不得；如美人横波微盼，光采四射，观者神惊意丧，不知其何以然也。
>
> 元人幽亭秀木自在化工之外一种灵气。惟其品若天际冥鸿，故出笔便如哀弦急管，声情并集，非大地欢乐场中可得而拟议者也。

哀弦急管，声情并集，这是何等繁富热闹的音乐，不料能在元人一树一石、一山一水中体会出来，真是不可思议。元人造诣之高和南田体会之深，都显出中国艺术境界的最高成就！然而元人幽淡的境界背后仍潜隐着一种宇宙豪情。南田说："群必求同，求同必相叫，相叫必于荒天古木，此画中所谓意也。"

相叫必于荒天古木，这是何等沉痛超迈深邃热烈的人生情调与宇宙情调？这是中国艺术心灵里最幽深、悲壮的表现了罢？

叶燮在《原诗》里说："可言之理，人人能言之，安在诗人之言之；可征之事，人人能述之，又安在诗人之述之，必有不可言之理，不可述之事，遇之于默会意象之表，而理与事无不灿然于前者也。"

这是艺术心灵所能达到的最高境界！由能空、能舍，而后能深、能实，然后宇宙生命中一切理一切事无不把它的最深意义灿然呈露于前。"真力弥满"，则"万象在旁"，"群籁虽参差，适我无非新"（王羲之诗）。

总上所述，可见中国文艺在空灵与充实两方都曾尽力，达到极高的成就。所以中国诗人尤爱把森然万象映射在太空的背景上，境界丰实空灵，像一座灿烂的星天！

王维诗云："徒然万象多，澹尔太虚缅。"

韦应物诗云："万物自生听，太空恒寂寥。"

中国艺术意境之诞生

引言

　　世界是无穷尽的，生命是无穷尽的，艺术的境界也是无穷尽的。"适我无非新"（王羲之诗句），是艺术家对世界的感受。"光景常新"，是一切伟大作品的烙印。"温故而知新"，却是艺术创造与艺术批评应有的态度。历史上向前一步的进展，往往是伴着向后一步的探本穷源。李、杜的天才，不忘转益多师。16世纪的文艺复兴追慕着希腊，19世纪的浪漫主义憧憬着中古。20世纪的新派且溯源到原始艺术的浑朴天真。

　　现代的中国站在历史的转折点。新的局面必将展开。然而我们

对旧文化的检讨，以同情的了解给予新的评价，也更形重要。就中国艺术方面——这中国文化史上最中心最有世界贡献的一方面——研寻其意境的特构，以窥探中国心灵的幽情壮采，也是民族文化的自省工作。希腊哲人对人生指示说："认识你自己！"近代哲人对我们说："改造这世界！"为了改造世界，我们先得认识。

一 意境的意义

龚定庵在北京，对戴醇士说："西山有时渺然隔云汉外，有时苍然堕几席前，不关风雨晴晦也！"西山的忽远忽近，不是物理上的远近，乃是心中意境的远近。

方士庶在《天慵庵随笔》里说："山川草木，造化自然，此实境也。因心造境，以手运心，此虚境也。虚而为实，是在笔墨有无间。故古人笔墨具此山苍树秀，水活石润，于天地之外，别构一种灵奇。或率意挥洒，亦皆炼金成液，弃滓存精，曲尽蹈虚揖影之妙。"中国绘画的整个精粹在这几句话里。本文的千言万语，也只是阐明此语。

恽南田《题洁庵图》说："谛视斯境，一草一树，一丘一壑，皆洁庵（指唐洁庵）灵想之所独辟，总非人间所有。其意象在六合之表，荣落在四时之外。将以尻轮神马，御泠风以游无穷。真所谓藐姑射之山，汾水之阳，尘垢秕糠，绰约冰雪。时俗龌龊，又何能知洁庵游心之所在哉！"

画家诗人"游心之所在"，就是他独辟的灵境，创造的意象，作为他艺术创作的中心之中心。

什么是意境？人与世界接触，因关系的层次不同，可有五种境界：（1）为满足生理的物质的需要，而有功利境界；（2）因人群共存互爱的关系，而有伦理境界；（3）因人群组合互制的关系，而有政治境界；（4）因穷研物理，追求智慧，而有学术境界；（5）因欲返本归真，冥合天人，而有宗教境界。功利境界主于利，伦理境界主于爱，政治境界主于权，学术境界主于真，宗教境界主于神。但介乎后二者的中间，以宇宙人生的具体为对象，赏玩它的色相、秩序、节奏、和谐，借以窥见自我的最深心灵的反映；化实景而为虚境，创形象以为象征，使人类最高的心灵具体化、肉身化，这就是"艺术境界"。艺术境界主于美。

所以一切美的光是来自心灵的源泉：没有心灵的映射，是无所谓美的。瑞士思想家阿米尔（Amiel）说：

一片自然风景是一个心灵的境界。

中国大画家石涛也说：

山川使予代山川而言也。……山川与予神遇而迹化也。

艺术家以心灵映射万象，代山川而立言，他所表现的是主观的生命情调与客观的自然景象交融互渗，成就一个鸢飞鱼跃，活泼玲珑，渊然而深的灵境；这灵境就是构成艺术之所以为艺术的"意境"。（但在音乐和建筑，这时间中纯形式与空间中纯形式的艺术，却以非模仿自然的境象来表现人心中最深的不可名的意境，而舞蹈则又为综合时空的纯形式艺术，所以能为一切艺术的根本形态，这事后面再说到。）

意境是"情"与"景"（意象）的结晶品。王安石有一首诗：

> 杨柳鸣蜩绿暗，荷花落日红酣。三十六陂春水，白头想见江南。

前三句全是写景，江南的艳丽的阳春，但着了末一句，全部景象遂笼罩上，啊，渗透进，一层无边的惆怅，回忆的愁思，和重逢的欣慰。情景交织，成了一首绝美的"诗"。

元人马东篱有一首《天净沙》小令：

> 枯藤老树昏鸦，小桥流水人家，古道西风瘦马，夕阳西下，断肠人在天涯！

也是前四句完全写景，着了末一句写情，全篇点化成一片哀愁寂寞，宇宙荒寒，怅触无边的诗境。

艺术的意境，因人因地因情因景的不同，现出种种色相，如摩尼珠，幻出多样的美。同是一个星天月夜的景，影映出几层不同的诗境。元人杨载《景阳宫望月》云：

大地山河微有影，九天风露浩无声。

明画家沈周《写怀寄僧》云：

明河有影微云外，清露无声万木中。

清人盛青嵝咏《白莲》云：

半江残月欲无影，一岸冷云何处香。

杨诗写函盖乾坤的封建的帝居气概，沈诗写迥绝世尘的幽人境界，盛诗写风流蕴藉、流连光景的诗人胸怀。一主气象，一主幽思（禅境），一主情致。至于唐人陆龟蒙咏白莲的名句："无情有恨何人见，月晓风清欲堕时。"却系为花传神，偏于赋体，诗境虽美，主于咏物。

在一个艺术表现里情和景交融互渗，因而发掘出最深的情，一层比一层更深的情，同时也透入了最深的景，一层比一层更晶莹的景；景中全是情，情具象而为景，因而涌现了一个独特的宇宙，崭新的意象，为人类增加了丰富的想象，替世界开辟了新境，正如恽南田所说"皆灵想之所独辟，总非人间所有"！这是我的所谓"意境"。"外师造化，中得心源"，唐代画家张璪这两句训示，是这意境创现的基本条件。

二　意境与山水

元人汤采真说："山水之为物，禀造化之秀，阴阳晦冥，晴雨寒暑，朝昏昼夜，随形改步，有无穷之趣，自非胸中丘壑汪洋如万顷波者，未易摹写。"

艺术意境的创构，是使客观景物做我主观情思的象征。我人心中情思起伏，波澜变化，仪态万千，不是一个固定的物象轮廓能够如量表出，只有大自然的全幅生动的山川草木，云烟明晦，才足以表象我们胸襟里蓬勃无尽的灵感气韵。恽南田题画说："写此云山绵邈，代致相思，笔端丝纷，皆清泪也。"山水成了诗人画家抒写情思的媒介，所以中国画和诗，都爱以山水境界做表现和咏味的中心。和西洋自希腊以来拿人体做主要对象的艺术途径迥然不同。董其昌说得好："诗以山川为境，山川亦以诗为境。"艺术家禀赋的诗心，映射着天地的诗心。(《诗纬》云："诗者天地之心。")山川大地是宇宙诗心的影现；画家诗人的心灵活跃，本身就是宇宙的创化，它的卷舒取舍，好似太虚片云，寒塘雁迹，空灵而自然！

三　意境创造与人格涵养

这种微妙境界的实现，端赖艺术家平素的精神涵养，天机的培植，在活泼泼的心灵飞跃而又凝神寂照的体验中突然地成就。元代大画家黄子久说："终日只在荒山乱石、丛木深篠中坐，意态忽忽，人不测其为何。又每往泖中通海处看急流轰浪，虽风雨骤至，水怪悲诧而不顾。"宋画家米友仁说："画之老境，于世海中一毛发事泊然无着染。每静室僧趺，忘怀万虑，与碧虚寥廓同其流。"黄子久以狄阿理索斯（Dionysius）的热情深入宇宙的动象，米友仁却以阿波罗（Apollo）式的宁静涵映世界的广大精微，代表着艺术生活上两种最高精神形式。

在这种心境中完成的艺术境界自然能空灵动荡而又深沉幽渺。南唐董源说："写江南山，用笔甚草草，近视之几不类物象，远视之则景物灿然，幽情远思，如睹异境。"艺术家凭借他深静的心襟，发现宇宙间深沉的境地；他们在大自然里"偶遇枯槎顽石，勺水疏林，都能以深情冷眼，求其幽意所在"。黄子久每教人作深潭，以杂树瀹之，其造境可想。

所以艺术境界的显现，绝不是纯客观地机械地描摹自然，而以"心匠自得为高"（米芾语）。尤其是山川景物，烟云变灭，不可临摹，须凭胸臆的创构，才能把握全景。宋画家宋迪论作山水画说：

先当求一败墙，张绢素讫，倚之败墙之上，朝夕观之。既久，隔素见败墙之上，高平曲折，皆成山水之象。心存目想，高者为山，下者为水，坎者为谷，缺者为涧，显者为近，晦者为远。神领意造，恍然见其有人禽草木飞动往来之象，了然在目，则随意命笔，默以神会，自然景皆天就，不类人为，是谓活笔。

他这段话很可以说明中国画家所常说的"丘壑成于胸中，既寤则发之于笔墨"，这和西洋印象派画家莫奈（Monet）早、午、晚三时临绘同一风景至于十余次，刻意写实的态度，迥不相同。

四　禅境的表现

中国艺术家何以不满于纯客观的机械式的摹写？因为艺术意境不是一个单层的平面的自然的再现，而是一个境界层深的创构。从直观感象的摹写，活跃生命的传达，到最高灵境的启示，可以有三层次。蔡小石在《拜石山房词》序里形容词里面的这三境层极为精妙：

夫意以曲而善托，调以杳而弥深。始读之则万萼春深，百色妖露，积雪缟地，余霞绮天，一境也。（这是直观感象的渲染。）再读之则烟涛澒洞，霜飙飞摇，骏马下坡，泳鳞出水，又一境也。（这是活跃生命的传达。）卒读之，而皎皎明月，仙仙白云，鸿雁高翔，坠叶如雨，不知其何以冲然而澹，翛然而远也。（这是最高灵境的启示。）

江顺诒评之曰："始境，情胜也。又境，气胜也。终境，格胜也。""情"是心灵对于印象的直接反映，"气"是"生气远出"的生命，"格"是映射着人格的高尚格调。西洋艺术里面的印象主义、写实主义，是相等于第一境层。浪漫主义倾向于生命音乐性的奔放表现，古典主义倾向于生命雕像式的清明启示，都相当于第二境层。至于象征主义、表现主义、后期印象派，它们的旨趣在于第三境层。

而中国自六朝以来，艺术的理想境界却是"澄怀观道"（晋宋画家宗炳语），在拈花微笑里领悟色相中微妙至深的禅境。如冠九在《都转心庵词序》说得好：

"明月几时有"，词而仙者也。"吹皱一池春水"，词而禅者也。仙不易学而禅可学。学矣，而非栖神幽遐，涵趣寥旷，通拈花之妙悟，穷非树之奇想，则动而为沾滞之音矣。其何以澄观一心而腾踔万象？是故词之为境也，空潭印月，上下一澈，屏知识也；清馨出尘，妙香远闻，参净因也；鸟鸣珠箔，群花自落，超圆觉也。

澄观一心而腾踔万象，是意境创造的始基；鸟鸣珠箔，群花自落，是意境表现的圆成。

绘画里面也能见到这意境的层深。明画家李日华在《紫桃轩杂缀》里说：

> 凡画有三次第：一曰身之所容。凡置身处，非邃密，即旷朗，水边林下，多景所凑处是也。（白华按：此为身边近景）二曰目之所瞩。或奇胜，或渺迷，泉落云生，帆移鸟去是也。（白华按：此为眺瞩之景）三曰意之所游。目力虽穷，而情脉不断处是也。（白华按：此为无尽空间之远景）然又有意有所忽处，如写一树一石，必有草草点染取态处。（白华按：此为有限中见取无限，传神写生之境）写长景必有意到笔不到，为神气所吞处，是非有心于忽，盖不得不忽也。（白华按：此为借有限以表现无限，造化与心源合一，一切形象都形成了象征境界）其于佛法相宗所云极迥色极略色之谓也。

于是绘画由丰满的色相达到最高心灵境界，所谓禅境的表现，种种境层，以此为归宿。戴醇士曾说："恽南田以'落叶聚还散，寒鸦栖复惊'（李白诗句）品一峰（黄子久）笔，是所谓孤蓬自振，惊沙坐飞，画也而几乎禅矣！"禅是动中的极静，也是静中的极动，寂而常照，照而常寂，动静不二，直探生命的本原。禅是中国人接触佛教大乘义后体认到自己心灵的深处而灿烂地发挥到哲学境界与艺术境界。静穆的观照和飞跃的生命，构成艺术的两元，也是构成"禅"的心灵状态。《雪堂和尚拾遗录》里说："舒州太平灯禅师颇习经论，傍教说禅。白云演和尚以偈寄之曰：'白云山头月，太平松下影，良夜无狂风，都成一片境。'灯得偈颂之，未久，于宗门方彻渊奥。"禅境借诗境表达出来。

所以中国艺术意境的创成，既须得屈原的缠绵悱恻，又须得庄子的超旷空灵。缠绵悱恻，才能一往情深，深入万物的核心，所谓"得其环中"。超旷空灵，才能如镜中花，水中月，羚羊挂角，无迹可寻，所谓"超以象外"。色即是空，空即是色，色不异空，空不异色，这不但是盛唐人的诗境，也是宋元人的画境。

五 道、舞、空白：中国艺术意境结构的特点

庄子是具有艺术天才的哲学家，对于艺术境界的阐发最为精妙。在他是"道"，这形而上原理，和"艺"，能够体合无间。"道"的生命进乎技，"技"的表现启示着"道"。在《养生主》里他有一段精彩的描写：

> 庖丁为文惠君解牛，手之所触，肩之所倚，足之所履，膝之所踦，砉然响然，奏刀騞然，莫不中音。合于桑林之舞，乃中经首（尧乐章）之会（节也）。文惠君曰："嘻，善哉！技盖至此乎？"庖丁释刀对曰："臣之所好者道也，进乎技矣。始

臣之解牛之时，所见无非牛者；三年之后，未尝见全牛也。方今之时，臣以神遇而不以目视。官知止而神欲行，依乎天理，批大郤，道大窾，因其固然，技经肯綮之未尝，而况大軱乎！良庖岁更刀，割也。族庖月更刀，折也。今臣之刀十九年矣，所解数千牛矣，而刀刃若新发于硎。彼节者有间，而刀刃者无厚，以无厚入有间，恢恢乎其于游刃必有余地矣。是以十九年而刀刃若新发于硎。虽然，每至于族（交错聚结处）吾见其难为，怵然为戒，视为止，行为迟，动刀甚微，謋然已解，如土委地！提刀而立，为之四顾，为之踌躇满志。善刀而藏之。"文惠君曰："善哉，吾闻庖丁之言，得养生焉。"

"道"的生命和"艺"的生命，游刃于虚，莫不中音，合于桑林之舞，乃中经首之会。音乐的节奏是它们的本体。所以儒家哲学也说："大乐与天地同和，大礼与天地同节。"《易》云："天地絪缊，万物化醇。"这生生的节奏是中国艺术境界的最后源泉。石涛题画云："天地氤氲秀结，四时朝暮垂垂，透过鸿蒙之理，堪留百代之奇。"艺术家要在作品里把握到天地境界！德国诗人诺瓦理斯（Novalis）说："混沌的眼，透过秩序的网幕，闪闪地发光。"石涛也说："在于墨海中立定精神，笔锋下决出生活，尺幅上换去毛骨，混沌里放出光明。"艺术要刊落一切表皮，呈显物的晶莹真境。

艺术家经过"写实""传神"到"妙悟"境内，由于妙悟，他们"透过鸿蒙之理，堪留百代之奇"。这个使命是够伟大的！

那么艺术意境之表现于作品，就是要透过秩序的网幕，使鸿蒙之理闪闪发光。这秩序的网幕是由各个艺术家的意匠组织线、点、光、色、形体、声音或文字成为有机谐和的艺术形式，以表出意境。

因为这意境是艺术家的独创，是从他最深的"心源"和"造化"接触时突然的领悟和震动中诞生的，它不是一味客观地描绘，像一照相机的摄影。所以艺术家要能拿特创的"秩序的网幕"来把住那真理的闪光。音乐和建筑的秩序结构，尤能直接地启示宇宙真体的内部和谐与节奏，所以一切艺术趋向音乐的状态、建筑的意匠。

然而，尤其是"舞"，这最高度的韵律、节奏、秩序、理性，同时是最高度的生命、旋动、力、热情，它不仅是一切艺术表现的究竟状态，且是宇宙创化过程的象征。艺术家在这时失落自己于造化的核心，沉冥入神，"穷玄妙于意表，合神变乎天机"（唐代大批评家张彦远论画语）。"是有真宰，与之浮沉"（司空图《诗品》语），从深不可测的玄冥的体验中升化而出，行神如空，行气如虹。在这时只有"舞"，这最紧密的律法和最热烈的旋动，能使这深不可测的玄冥的境界具象化、肉身化。

在这舞中，严谨如建筑的秩序流动而为音乐，浩荡奔驰的生命收敛而为韵律。艺术表演着宇宙的创化。所以唐代大书家张旭见公孙大娘剑器舞而悟笔法，大画家吴道子请裴将军舞剑以助壮气说："庶因猛厉，以通幽冥！"郭若虚的《图画见闻志》上说：

（唐）开元中，将军裴旻居丧，诣吴道子，请于东都天宫寺画神鬼数壁，以资冥助。道子答曰："吾画笔久废，若将军有意，为吾缠结，舞剑一曲，庶因猛厉，以通幽冥！"旻于是脱去缞服，若常时装束，走马如飞，左旋右转，掷剑入云，高数十丈，若电光下射。旻引手执鞘承之，剑透室而入。观者数千人，无不惊栗。道子于是援毫图壁，飒然风起，为天下之壮观。道子平生绘事，得意无出于此。

诗人杜甫形容诗的最高境界说："精微穿溟涬，飞动摧霹雳。"（《夜听许十一诵诗爱而有作》）前句是写沉冥中的探索，透进造化的精微的机缄，后句是指着大气盘旋的创造，具象而成飞舞。深沉的静照是飞动的活力的源泉。反过来说，也只有活跃的具体的生命舞姿、音乐的韵律、艺术的形象，才能使静照中的"道"具象化、肉身化。德国诗人侯德林（Hoerdelin）有两句诗含义极深：

谁沉冥到
那无边际的"深"，
将热爱着
这最生动的"生"。

他这话使我们突然省悟中国哲学境界和艺术境界的特点。中国哲学是就"生命本身"体悟"道"的节奏。"道"具象于生活、礼乐制度。道尤表象于"艺"。灿烂的"艺"赋予"道"以形象和生命，"道"给予"艺"以深度和灵魂。庄子《天地》篇有一段寓言说明只有艺"象罔"才能获得道真"玄珠"：

> 黄帝游乎赤水之北，登乎昆仑之丘而南望，还归，遗其玄珠（司马彪云：玄珠，道真也）。使知（理智）索之而不得。使离朱（色也，视觉也）索之而不得。使喫诟（言辩也）索之而不得也。乃使象罔，象罔得之。黄帝曰："异哉！象罔乃可以得之乎？"

吕惠卿注释得好："象则非无，罔则非有，不皦不昧，玄珠之所以得也。"非无非有，不皦不昧，这正是艺术形象的象征作用。"象"是境象，"罔"是虚幻，艺术家创造虚幻的境象以象征宇宙人生的真际。真理闪耀于艺术形象里，玄珠的躲于象罔里。歌德曾说："真理和神性一样，是永不肯让我们直接识知的。我们只能在反光、譬喻、象征里面观照它。"又说："在璀璨的反光里面我们把握到生命。"生命在他就是宇宙真际。他在《浮士德》里面的诗句"一切消逝者，只是一象征"，更说明"道""真的生命"是寓在一切变灭的形象里。英国诗人布莱克的一首诗说得好：

> 一花一世界，一沙一天国，君掌盛无边，刹那含永劫。
>
> ——田汉译

这诗和中国宋僧道灿的重阳诗句"天地一东篱，万古一重九"，都能喻无尽于有限，一切生灭者象征着永恒。

人类这种最高的精神活动，艺术境界与哲理境界，是诞生于一个最自由最充沛的深心的自我。这充沛的自我，真力弥满，万象在旁，掉臂游行，超脱自在，需要空间，供他活动。（参见拙作《中西画法所表现的空间意识》）于是"舞"是它最直接、最具体的自然流露。"舞"是中国一切艺术境界的典型。中国的书法、画法都趋向飞舞。庄严的建筑也有飞檐表现着舞姿。杜甫《观公孙大娘弟子舞剑器行》首段云：

> 昔有佳人公孙氏，一舞剑器动四方，观者如山色沮丧，天地为之久低昂。……

天地是舞，是诗（诗者天地之心），是音乐（大乐与天地同和）。中国绘画境界的特点建筑在这上面。画家解衣盘礴，面对着一张空白的纸（表象着舞的空间），用飞舞的草情篆意谱出宇宙万形里的音乐和诗境。照相机所摄万物形体的底层在纸上是构成一片黑影。物体轮廓线内的纹理形象模糊不清。山上草树崖石不能生动地表出它们的脉络姿态。只在大雪之后，崖石轮廓林木枝干才能显出它们各自的奕奕精神性格，恍如铺垫了一层空白纸，使万物以嵯峨突兀的线纹呈露它们的绘画状态。所以中国画家爱写雪景（王维），这里是天开图画。

中国画家面对这幅空白，不肯让物的底层黑影填实了物体的"面"，取消了空白，像西洋油画；所以直接地在这一片虚白上挥毫运墨，用各式皱纹表出物的生命节奏。（石涛说："笔之于皴也，开生面也。"）同时借取书法中的草情篆意或隶体表达自己心中的韵律，所绘出的是心灵所直接领悟的物态天趣，造化和心灵的凝合。自由潇洒的笔墨，凭线纹的节奏，色彩的韵律，开径自行，养空而游，蹈光揖影，抟虚成实。（参看本文首段引方士庶语）

庄子说："虚室生白。"又说："唯道集虚。"中国诗词文章里都着重这空中点染、抟虚成实的表现方法，使诗境、词境里面有空间，有荡漾，和中国画面具同样的意境结构。

中国特有的艺术——书法，尤能传达这空灵动荡的意境。唐张怀瓘在他的《书议》里形容王羲之的用笔说："一点一画，意态纵横，偃亚中间，绰有余裕。然字峻秀，类于生动，幽若深远，焕若神明，以不测为量者，书之妙也。"在这里，我们见到书法的妙境通于绘画，虚空中传出动荡，神明里透出幽深，超以象外，得其环中，是中国艺术的一切造境。

王船山在《诗绎》里说："论画者曰，咫尺有万里之势，一势字宜着眼。若不论势，则缩万里于咫尺，直是《广舆记》前一天下图耳。五言绝句以此为落想时第一义。唯盛唐人能得其妙。如'君家住何处，妾住在横塘，停船暂借问，或恐是同乡'，墨气所射，四表无穷，无字处皆其意也！"高日甫论画歌曰："即其笔墨所未到，亦有灵气空中行。"笪重光说："虚实相生，无画处皆成妙境。"

三人的话都是注意到艺术境界里的虚空要素。中国的诗词、绘画、书法里，表现着同样的意境结构，代表着中国人的宇宙意识。盛唐王、孟派的诗，固多空花水月的禅境；北宋人词空中荡漾，绵渺无际；就是南宋词人姜白石的"二十四桥仍在，波心荡冷月无声"，周草窗的"看画船尽入西泠，闲却半湖春色"，也能以空虚衬托实景，墨气所射，四表无穷。但就它渲染的境象说，还是不及唐人绝句能"无字处皆其意"更为高绝。中国人对"道"的体验，是"于空寂处见流行，于流行处见空寂"，唯道集虚，体用不二，这构成中国人的生命情调和艺术意境的实相。

王船山又说："工部（杜甫）之工在即物深致，无细不章。右丞（王维）之妙，在广摄四旁，圜中自显。"又说："右丞妙手能使在远者近，抟虚成实，则心自旁灵，形自当位。"这话极有意思。"心自旁灵"表现于"墨气所射，四表无穷"，"形自当位"，是"咫尺有万里之势"。"广摄四旁，圜中自显"，"使在远者近，抟虚成实"，这正是大画家大诗人王维创造意境的手法，代表着中国人于空虚中创现生命的流行，缊缊的气韵。

王船山论到诗中意境的创造，还有一段精深微妙的话，使我们领悟"中国艺术意境之诞生"的终极根据。他说："唯此窅窅摇摇之中，有一切真情在内，可兴可观，可群可怨，是以有取于诗。然因此而诗则又往往缘景缘事，缘以往缘未来，经年苦吟，而不能自道。以追光蹑影之笔，写通天尽人之怀，是诗家正法眼藏。""以追光蹑影之笔，写通天尽人之怀"，这两句话表出中国艺术的最后的理想和最高的成就。唐、宋人诗词是这样，宋、元人的绘画也是这样。

尤其是在宋、元人的山水花鸟画里，我们具体地欣赏到这"追光蹑影之笔，写通天尽人之怀"。画家所写的自然生命，集中在一片无边的虚白上。空中荡漾着"视之不见、听之不闻、搏之不得"的"道"，老子名之为"夷""希""微"。在这一片虚白上幻现的一花一鸟、一树一石、一山一水，都负荷着无限的深意、无边的深情。（画家、诗人对万物一视同仁，往往很远的微小的一草一石，都用工笔画出，或在逸笔撇脱中表出微茫惨淡的意趣。）万物浸在光被四表的神的爱中，宁静而深沉。深，像在一和平的梦中，给予观者的感受是一澈透灵魂的安慰和惺惺的微妙的领悟。

中国画的用笔，从空中直落，墨花飞舞，和画上虚白，融成一片，画境恍如"一片云，因日成彩，光不在内，亦不在外，既无轮廓，亦无丝理，可以生无穷之情，而情了无寄"（借王船山评王俭《春诗》绝句语）。中国画的光是动荡着全幅画面的一种形而上的、非写实的宇宙灵气的流行，贯彻中边，往复上下。古绢的黯然而光尤能传达这种神秘的意味。西洋传统的油画填没画底，不留空白，画面上动荡的光和气氛仍是物理的目睹的实质，而中国画上画家用心所在，正在无笔墨处，无笔墨处却是缥缈天倪，化工的境界。（即其笔墨所未到，亦有灵气空中行。）这种画面的构造是植根于中国心灵里葱茏缊缊、蓬勃生发的宇宙意识。王船山说得好："两间之固有者，自然之华，因流动生变而成绮丽，心目之所及，文情赴之，貌其本荣，如所存而显之，即以华奕照耀，动人无际矣！"
这不是唐诗宋画给予我们的征象吗？

然而近代文人的诗笔画境缺乏照人的光彩，动人的情致，丰富的意象，这是民族心灵一时枯萎的征象么？中国人爱在山水中设置空亭一所。戴醇士说："群山郁苍，群木荟蔚，空亭翼然，吐纳云气。"一座空亭竟成为山川灵气动荡吐纳的交点和山川精神聚积的处所。倪云林每画山水，多置空亭，他有"亭下不逢人，夕阳澹秋影"的名句。张宣题倪画《溪亭山色图》诗云："石滑岩前雨，泉香树杪风。江山无限景，都聚一亭中。"苏东坡《涵虚亭》诗云："惟有此亭无一物，坐观万景得天全。"唯道集虚，中国建筑也表现着中国人的宇宙情调。

空寂中生气流行，鸢飞鱼跃，是中国人艺术心灵与宇宙意象"两镜相入"互摄互映的华严境界。倪云林有一绝句，最能写出此境：

兰生幽谷中，倒影还自照。无人作妍媛，春风发微笑。

希腊神话里水仙之神（Narcise）临水自鉴，眷恋着自己的仙姿，无限相思，憔悴以死。中国的兰生幽谷，倒影自照，孤芳自赏，虽感空寂，却有春风微笑相伴，一呼一吸，宇宙息息相关，悦怿风神，悠然自足。（中西精神的差别相）

艺术的境界，既使心灵和宇宙净化，又使心灵和宇宙深化，使人在超脱的胸襟里体味到宇宙的深境。

唐朝诗人常建的《江上琴兴》一诗，最能写出艺术（琴声）这净化深化的作用：

江上调玉琴，一弦清一心。泠泠七弦遍，万木澄幽阴。能使江月白，又令江水深。始知梧桐枝，可以徽黄金。

中国文艺里意境高超莹洁而具有壮阔幽深的宇宙意识生命情调的作品也不可多见。我们可以举出宋人张于湖的一首词来，他的《念奴娇·过洞庭》词云：

洞庭青草，近中秋，更无一点风色。玉鉴琼田三万顷，著我扁舟一叶。素月分辉，明河共影，表里俱澄澈。悠悠心会，妙处难与君说。　　应念岭海经年，孤光自照，肝胆皆冰雪。短发萧骚襟袖冷，稳泛沧浪空阔。尽挹西江，细斟北斗，万象为宾客。（对空间之超脱）叩舷独啸，不知今夕何夕！（对时间之超脱）

这真是"雪涤凡响，棣通太音，万尘息吹，一真孤露"。笔者自己也曾写过一首小诗，希望能传达中国心灵的宇宙情调，不揣陋劣，附在这里，借供参证：

飘风天际来，绿压群峰暝。云罅漏夕晖，光写一川冷。悠悠白鹭飞，淡淡孤霞迴。系缆月华生，万象浴清影。

——《柏溪夏晚归棹》

艺术的意境有它的深度、高度、阔度。杜甫诗的高、大、深，俱不可及。"吐弃到人所不能吐弃为高，含茹到人所不能含茹为大，曲折到人所不能曲折为深。"（刘熙载评杜甫诗语）叶梦得《石林诗话》里也说："禅家有三种语，老杜诗亦然。如波漂菰米沉云黑，露冷莲房坠粉红，为函盖乾坤语。落花游丝白日静，鸣鸠乳燕青春深，为随波逐浪语。百年地僻柴门迥，五月江深草阁寒，为截断众流语。"函盖乾坤是大，随波逐浪是深，截断众流是高。李太白的诗也具有这高、深、大。但太白的情调较偏向于宇宙境象的大和高。太白登华山落雁峰，说："此山最高，呼吸之气，想通帝座，恨不携谢朓惊人句来，搔首问青天耳！"（《唐语林》）杜甫则"直取性情真"（杜甫诗句），他更能以深情掘发人性的深度，他具有但丁的沉着的热情和歌德的具体表现力。

李、杜境界的高、深、大，王维的静远空灵，都植根于一个活跃的、至动而有韵律的心灵。承继这心灵，是我们深衷的喜悦。

中国艺术表现里的虚和实

先秦哲学家荀子是中国第一个写了一篇较有系统的美学论文——《乐论》的人。他有一句话说得极好，他说："不全不粹不足以谓之美。"这话运用到艺术美上就是说：艺术既要极丰富地全面地表现生活和自然，又要提炼地去粗存精，提高、集中，更典型、更具普遍性地表现生活和自然。

由于"粹"，由于去粗存精，艺术表现里有了"虚"，"洗尽尘滓，独存孤迥"（恽南田语）。由于"全"，才能做到孟子所说的"充实之谓美，充实而有光辉之谓大"。"虚"和"实"辩证的统一，才能完成艺术的表现，形成艺术的美。

但"全"和"粹"是相互矛盾的。既去粗存精，那就似乎不全了，全就似乎不应"拔萃"。又全又粹，这不是矛盾吗？

然而只讲"全"而不顾"粹"，这就是我们现在所说的自然主义；只讲"粹"而不能反映"全"，那又容易走上抽象的形式主义的道路；既粹且全，才能在艺术表现里做到真正的"典型化"，全和粹要辩证地结合、统一，才能谓之美，正如荀子在两千年前所正确地指出的。

清初文人赵执信在他的《谈艺录》序言里有一段话很生动地形象化地说明这全和粹、虚和实辩证的统一才是艺术的最高成就。他说：

> 钱塘洪昉思（按：即洪昇，《长生殿》曲本的作者）久于新城（按：即王渔洋，提倡诗中神韵说者）之门矣。与余友。一日在司寇（渔洋）论诗，昉思嫉时俗之无章也，曰："诗如龙然，首尾爪角鳞鬣，一不具，非龙也。"司寇哂之曰："诗如神龙，见其首不见其尾，或云中露一爪一鳞而已，安得全体？是雕塑绘画耳！"余曰："神龙者，屈伸变化，固无定体，恍惚望见者第指其一鳞一爪，而龙之首尾完好固宛然在也。若拘于所见，以为龙具在是，雕绘者反有辞矣！"

洪昉思重视"全"而忽略了"粹"，王渔洋依据他的神韵说看重一爪一鳞而忽视了"全体"；赵执信指出一鳞一爪的表现方式要能显示龙的"首尾完好宛然存在"。艺术的表现正在于一鳞一爪具有象征力量，使全体宛然存在，不削弱全体丰满的内容，把它们概括在一鳞一爪里。提高了，集中了，一粒沙里看见一个世界。这是中国艺术传统中的现实主义的创作方法，不是自然主义的，也不是形式主义的。

但王渔洋、赵执信都以轻视的口吻说着雕塑绘画，好像它们只是自然主义地刻画现实。这是大大的误解。中国大画家所画的龙正是像赵执信所要求的，云中露出一鳞一爪，却使全体宛然可见。

中国传统的绘画艺术很早就掌握了这虚实相结合的手法。例如近年出土的晚周帛画凤夔人物、汉石刻人物画、东晋顾恺之《女史箴图》、唐阎立本《步辇图》、宋李公麟《免胄图》、元颜辉《钟馗出猎图》、明徐渭《驴背吟诗》，这些赫赫名迹都是很好的例子。我们见到一片空虚的背景上突出地集中地表现人物行动姿态，删略了背景的刻画，正像中国舞台上的表演一样（汉画上正有不少舞蹈和戏剧表演）。

关于中国绘画处理空间表现方法的问题，清初画家笪重光在他的一篇《画筌》（这是中国绘画美学里的一部杰作）里说得很好，而这段论画面空间的话，也正相通于中国舞台上空间处理的方式。他说：

> 空本难图，实景清而空景现。神无可绘，真境逼而神境生。位置相戾，有画处多属赘疣。虚实相生，无画处皆成妙境。

这段话扼要地说出中国画里处理空间的方法，也叫人联想到中国舞台艺术里的表演方式和布景问题。中国舞台表演方式是有独创性的，我们愈来愈见到它的优越性。而这种艺术表演方式又是和中国独特的绘画艺术相通的，甚至也和中国诗中的意境相通（我在1949年写过一篇《中国诗画中所表现的空间意识》）。中国舞台上一般地不设置逼真的布景（仅用少量的道具桌椅等）。老艺人说得好："戏曲的布景是在演员的身上。"演员结合剧情的发展，灵活地运用表演程式和手法，使得"真境逼而神境生"。演员集中精神用程式手法、舞蹈行动，"逼真地"表达出人物的内心情感和行动，就会使人忘掉对于剧中环境布景的要求，不需要环境布景阻碍表演的集中和灵活，"实景清而空景现"，留出空虚来让人物充分地表现剧情，剧中人和观众精神交流，深入艺术创作的最深意趣，这就是"真境逼而神境生"。这个"真境逼"是在现实主义的意义里的，不是自然主义里所谓逼真。这是艺术所启示的真，也就是"无可绘"的精神的体现，也就是美。"真""神""美"在这里是一体。

做到了这一点，就会使舞台上"空景"的"现"，即空间的构成，不须借助于实物的布置来显示空间，恐怕"位置相戾，有画处多属赘疣"，排除了累赘的布景，可使"无景处都成妙境"。例如川剧《刁窗》一场中虚拟的动作既突出了表演的"真"，又同时显示了手势的"美"，因"虚"得"实"。《秋江》剧里船翁一支桨和陈妙常的摇曳的舞姿可令观众"神游"江上。八大山人画一条生动的鱼在纸上，别无一物，令人感到满幅是水。我最近看到故宫陈列齐白石画册里一幅上画一枯枝横出，站立一鸟，别无所有，但用笔的神妙，令人感到环绕这鸟是一无垠的空间，和天际群星相接应，真是一片"神境"。

中国传统的艺术很早就突破了自然主义和形式主义的片面性，创造了民族的独特的现实主义的表达形式，使真和美、内容和形式高度地统一起来。反映这艺术发展的美学思想也具有独创的宝贵的遗产，值得我们结合艺术的实践来深入地理解和汲取，为我们从新的生活创造新的艺术形式提供借鉴和营养资料。

中国的绘画、戏剧和中国另一特殊的艺术——书法，具有着共同的特点，这就是它们里面都是贯穿着舞蹈精神（也就是音乐精神），由舞蹈动作显示虚灵的空间。唐朝大书法家张旭观看公孙大娘剑器舞而悟书法，吴道子画壁请裴将军舞剑以助壮气。而舞蹈也是中国戏剧艺术的根基。中国舞台动作在二千年的发展中形成一种富有高度节奏感和舞蹈化的基本风格，这种风格既是美的，同时又能表现生活的真实，演员能用一两个极洗练而又极典型的姿势，把时间、地点和特定情景表现出来。例如"趟马"这个动作，可以使人看出有一匹马在跑，同时又能叫人觉得是人骑在马上，是在什么情境下骑着的。如果一个演员在趟马时"心中无马"，光在那里卖弄武艺，卖弄技巧，那他的动作就是程式主义的了。——我们的舞台动作，确是能通过高度的艺术真实，表现出生活的真实的。也证明这是几千年来，一代又一代的，经过广大人民运用他们的智慧，积累而成的优秀的民族表现形式。如果想一下子取消这种动作，代之以纯现实的，甚至是自然主义的做工，那就是取消民族传统，取消戏曲。（见焦菊隐：《表演艺术上的三个主要问题》，《戏剧报》1954年11月号）

中国艺术上这种善于运用舞蹈形式，辩证地结合着虚和实，这种独特的创造手法也贯穿在各种艺术里面。大而至于建筑，小而至于印章，都是运用虚实相生的审美原则来处理，而表现出飞舞生动的气韵。《诗经》里《斯干》那首诗里赞美周宣王的宫室时就是拿舞的姿势来形容这建筑，说它"如跂斯翼，如矢斯棘，如鸟斯革，如翚斯飞"。

　　由舞蹈动作伸延，展示出来的虚灵的空间，是构成中国绘画、书法、戏剧、建筑里的空间感和空间表现的共同特征，而造成中国艺术在世界上的特殊风格。它是和西洋从埃及以来所承受的几何学的空间感有不同之处。研究我们古典遗产里的特殊贡献，可以有助于人类的美学探讨和艺术理解的进展。

中西画法所表现的空间意识

中西绘画里一个顶触目的差别，就是画面上的空间表现。我们先读一读一位清代画家邹一桂对于西洋画法的批评，可以见到中画之传统立场对于西画的空间表现持一种不满的态度。

邹一桂说："西洋人善勾股法，故其绘画于阴阳远近，不差锱黍，所画人物、屋树，皆有日影。其所用颜色与笔，与中华绝异。布影由阔而狭，以三角量之。画宫室于墙壁，令人几欲走进。学者能参用一二，亦具醒法。但笔法全无，虽工亦匠，故不入画品。"

邹一桂说西洋画笔法全无，虽工亦匠，自然是一种成见。西画未尝不注重笔触，未尝不讲究意境。然而邹一桂却无意中说出中西画的主要差别点而指出西洋透视法的三个主要画法：

（一）几何学的透视画法。画家利用与画面成直角诸线悉集合于一视点，与画面成任何角诸线悉集于一焦点，物体前后交错互掩，形线按距离缩短，以衬出远近。邹一桂所谓西洋人善勾股，于远近不差锱黍。然而实际上我们的视觉的空间并不完全符合几何学透视，艺术亦不拘泥于科学。

（二）光影的透视法。由于物体受光，显出明暗阴阳，圆浑带光的体积，衬托烘染出立体空间。远近距离因明暗的层次而显露。但我们主观视觉所看见的明暗，并不完全符合客观物理的明暗差度。

（三）空气的透视法。人与物的中间不是绝对的空虚。这中间的空气含着水分和尘埃。地面山川因空气的浓淡阴晴，色调变化，显出远近距离。在西洋近代风景画里这空气透视法常被应用着。英国大画家杜耐（Turner）是此中圣手，但邹一桂对于这种透视法没有提到。

邹一桂所诟病于西洋画的是笔法全无，虽工亦匠，我们前面已说其不确。不过西画注重光色渲染，笔触往往隐没于形象的写实里。而中国绘画中的"笔法"确是主体。我们要了解中国画里的空间表现，也不妨先从那邹一桂所提出的笔法来下手研究。

原来人类的空间意识，照康德哲学的说法，是直觉性的先验格式，用以罗列万象，整顿乾坤。然而我们心理上的空间意识的构成，是靠着感官经验的媒介。我们从视觉、触觉、动觉、体觉，都可以获得空间意识。视觉的艺术如西洋油画，给予我们一种光影构成的明暗闪动茫昧深远的空间（伦勃朗的画是典范），雕刻艺术给予我们一种圆浑立体可以摩挲的坚实的空间感觉（中国三代铜器、希腊雕刻及西洋古典主义绘画给予这种空间感）。建筑艺术由外面看也是一个大立体如雕刻，内部则是一种直横线组合的可留可步的空间，富于几何学透视法的感觉。有一位德国学者 Max Schneider 研究我们音乐的听赏里也听到空间境界，层层远景。歌德说，建筑是冰冻住了的音乐。可见时间艺术的音乐和空间艺术的建筑还有暗通之点。至于舞蹈艺术在它回旋变化的动作里也随时显示起伏流动的空间形式。

每一种艺术可以表出一种空间感形。并且可以互相移易地表现它们的空间感形。西洋绘画在希腊及古典主义画风里所表现的是偏于雕刻的和建筑的空间意识。文艺复兴以后，发展到印象主义，是绘画风格的绘画，空间情绪寄托在光影彩色明暗里面。

那么，中国画中的空间意识是怎样？我说：它是基于中国的特有艺术书法的空间表现力。

中国画里的空间构造，既不是凭借光影的烘染衬托（中国水墨画并不是光影的实写，而仍是一种抽象的笔墨表现），也不是移写雕像立体及建筑的几何透视，而是显示一种类似于音乐或舞蹈所引起的空间感形。确切地说，是一种"书法的空间创造"。中国的书法本是一种类似音乐或舞蹈的节奏艺术。它具有形线之美，有情感与人格的表现。它不是摹绘实物，却又不完全抽象，如西洋字母而保有暗示实物和生命的姿势。中国音乐衰落，而书法却代替了它成为一种表达最高意境与情操的民族艺术。三代以来，每一个朝代有它的"书体"，表现那时代的生命情调与文化精神。我们几乎可以从中国书法风格的变迁来划分中国艺术史的时期，像西洋艺术史依据建筑风格的变迁来划分一样。

中国绘画以书法为基础，就同西画通于雕刻建筑的意匠。我们现在研究书法的空间表现力，可以了解中国画的空间意识。

书画的神采皆生于用笔。用笔有三忌，就是板、刻、结。"板"者"腕弱笔痴，全亏取与，状物平扁，不能圆混"（见郭若虚《图画见闻志》）。用笔不板，就能状物不平扁而有圆浑的立体味。中国的字不像西洋字由多寡不同的字母所拼成，而是每一个字占据齐一固定的空间，而是在写字时用笔画，如横、直、撇、捺、钩、点（永字八法曰侧、勒、努、趯、策、掠、啄、磔），结成一个有筋有骨有血有肉的"生命单位"，同时也就成为一个"上下相望，左右相近。四隅相招，大小相副，长短阔狭，临时变适"（见运笔姿势诀），"八方点画环拱中心"（见盛熙明《法书考》）的一个"空间单位"。

中国字若写得好，用笔得法，就成功一个有生命有空间立体味的艺术品。若字和字之间，行与行之间，能"偃仰顾盼，阴阳起伏，如树木之枝叶扶疏，而彼此相让。如流水之沦漪杂见，而先后相承"。这一幅字就是生命之流，一回舞蹈，一曲音乐。唐代张旭见公孙大娘舞剑器，因悟草书；吴道子观裴将军舞剑而画法益进。书画都通于舞。它的空间感觉也同于舞蹈与音乐所引起的力线律动的空间感觉。书法中所谓气势，所谓结构，所谓力透纸背，都是表现这书法的空间意境。一件表现生动的艺术品，必然地同时表现空间感。因为一切动作以空间为条件，为间架。若果能状物生动，像中国画绘一枝竹影，几叶兰草，纵不画背景环境，而一片空间，宛然在目，风光日影，如绕前后。又如中国剧台，毫无布景，单凭动作暗示景界。

（尝见一幅八大山人画鱼，在一张白纸的中心勾点寥寥数笔，一条极生动的鱼，别无所有，然而顿觉满纸江湖，烟波无尽。）

中国人画兰竹，不像西洋人写静物，须站在固定地位，依据透视法画出。他是临空地从四面八方抽取那迎风映日偃仰婀娜的姿态，舍弃一切背景，甚至于捐弃色相，参考月下映窗的影子，融会于心，胸有成竹，然后拿点线的纵横、写字的笔法，描出它的生命神韵。

在这样的场合，"下笔便有凹凸之形"，透视法是用不着了。画境是在一种"灵的空间"，就像一幅好字也表现一个灵的空间一样。

中国人以书法表达自然景象。李斯《论书法》说："送脚如游鱼得水，舞笔如景山兴云。"钟繇说："笔迹者界也，流美者人也……见万类皆象之。点如山颓，摘如雨线，纤如丝毫，轻如云雾。去者若鸣凤之游云汉，来者若游女之入花林。"

书境同于画境，并且通于音的境界，我们见雷简夫一段话可知。盛熙明著《法书考》载雷简夫云："余偶昼卧，闻江涨声，想其波涛翻翻，迅駛掀搕，高下蹙逐，奔去之状，无物可寄其情，遽起作书，则心之所想，尽在笔下矣。"作书可以写景，可以寄情，可以绘音，因所写所绘，只是一个灵的境界耳。

恽南田《评画》说："谛视斯境，一草一树，一丘一壑，皆洁庵灵想之所独辟，总非人间所有。其意象在六合之表，荣落在四时之外。"这一种永恒的灵的空间，是中国画的造境，而这空间的构成是依于书法。

以上所述，还多是就花卉、竹石的小景取譬。现在再来看山水画的空间结构。在这方面中国画也有它的特点，我们仍旧拿西画来做比较观。（本文所说西画是指希腊的及14世纪以来传统的画境，至于后期印象派、表现主义、立体主义等自当别论。）

西洋的绘画渊源于希腊。希腊人发明几何学与科学，他们的宇宙观是一方面把握自然的现实，他方面重视宇宙形象里的数理和谐性。于是创造整齐匀称、静穆庄严的建筑，生动写实而高贵雅丽的雕像，以奉祀神明，象征神性。希腊绘画的景界也就是移写建筑空间和雕像形体于画面；人体必求其圆浑，背景多为建筑（见残留的希腊壁画和墓中人影像）。经过中古时代到文艺复兴，更是自觉地讲求艺术与科学的一致。画家兢兢于研究透视法、解剖学，以建立合理的真实的空间表现和人体风骨的写实。文艺复兴的西洋画家虽然是爱自然，陶醉于色相，然终不能与自然冥合于一，而拿一种对立的抗争的眼光正视世界。艺术不唯摹写自然，并且修正自然，以合于数理和谐的标准。意大利14、15世纪画家从乔阿托（Giotto）、波堤切利（Botticelli）、季朗达亚（Ghirlandaja）、柏鲁金罗（Perugino）到伟大的拉斐尔都是墨守着正面对立的看法，画中透视的视点与视线皆集合于画面的正中。画面之整齐、对称、均衡、和谐是他们特色。虽然这种正面对立的态度也不免暗示着物与我中间一种紧张，一种分裂，不能忘怀尔我，浑化为一，而是偏于科学的理知的态度。然而究竟还相当地保有希腊风格的静穆和生命力的充实与均衡。透视法的学理与技术，在这两世纪中由探试而至于完成。但当时北欧画家如德国的丢勒（Dürer）等则已爱构造斜视的透视法，把视点移向中轴之左右上下，甚至于移向画面之外，使观赏者的视点落向不堪把握的虚空，彷徨追寻的心灵驰向无尽。到了17、18世纪，巴洛克（Baroque）风格的艺术更是驰情入幻，炫艳逞奇，摛葩织藻，以寄托这彷徨落寞、苦闷失望的空虚。视线驰骋于画面，追寻空间的深度与无穷（Rembrandt 的油画）。

所以西洋透视法在平面上幻出逼真的空间构造，如镜中影、水中月，其幻愈真，则其真愈幻。逼真的假象往往令人更感为可怖的空幻。加上西洋油色的灿烂炫耀，遂使出发于写实的西洋艺术，结束于诙诡艳奇的唯美主义（如 Gustave Moreau）。至于近代的印象主义、表现主义、立体主义、未来派等乃遂光怪陆离，不可思议，令人难以追踪。然而彷徨追寻是它们的核心，它们是"苦闷的象征"。

我们转过头来看中国山水画所表现的空间意识！

中国山水画的开创人可以推到南朝宋时画家宗炳与王微。他们两人同时是中国山水画理论的建设者。尤其是对透视法的阐发及中国空间意识的特点透露了千古的秘蕴。这两位山水画的创始人早就决定了中国山水画在世界画坛的特殊路线。

宗炳在西洋透视法发明以前一千年已经说出透视法的秘诀。我们知道透视法就是把眼前立体形的远近的景物看作平面形以移上画面的方法。一个很简单而实用的技巧，就是竖立一块大玻璃板，我们隔着玻璃板"透视"远景，各种物景透过玻璃映现眼帘时观出绘画的状态，这就是因远近的距离之变化，大的会变小，小的会变大，方的会变扁。因上下位置的变化，高的会变低，低的会变高。这画面的形象与实际的迥然不同。然而它是画面上幻现那三进向空间境界的张本。

宗炳在他的《画山水序》里说："今张绡素以远映，则昆阆之形可围于方寸之内，竖划三寸，当千仞之高，横墨数尺，体百里之远。"又说："去之稍阔，则其见弥小。"那"张绡素以远映"，不就是隔着玻璃以透视的方法么？宗炳一语道破于西洋一千年前，然而中国山水画却始终没有实行运用这种透视法，并且始终躲避它，取消它，反对它。如沈括评斥李成仰画飞檐，而主张以大观小。又说从下望上只合见一重山，不能重重悉见，这是根本反对站在固定视点的透视法。又中国画画桌面、台阶、地席等都是上阔而下狭，这不是根本躲避和取消透视看法？我们对这种怪事也可以在宗炳、王微的画论里得到充分的解释。王微的《叙画》里说："古人之作画也，非以案城域，辨方州，标镇阜，划浸流，本乎形者融，灵而变动者心也。灵无所见，故所托不动，目有所极，故所见不周。于是乎以一管之笔，拟太虚之体，以判躯之状，尽寸眸之明。"在这话里王微根本反对绘画是写实和实用的。绘画是托不动的形象以显现那灵而变动（无所见）的心。绘画不是面对实景，画出一角的视野（目有所极故所见不周），而是以一管之笔，拟太虚之体。那无穷的空间和充塞这空间的生命（道），是绘画的真正对象和境界。所以要从这"目有所极故所见不周"的狭隘的视野和实景里解放出来，而放弃那"张绡素以远映"的透视法。

《淮南子》的《天文训》首段说："……道始于虚霸（通廓），虚霸生宇宙，宇宙生气……"这和宇宙虚霸合而为一的生生之气，正是中国画的对象。而中国人对于这空间和生命的态度却不是正视的抗衡，紧张的对立，而是纵身大化，与物推移。中国诗中所常用的字眼如盘桓、周旋、徘徊、流连，哲学书如《易经》所常用的如往复、来回、周而复始、无往不复，正描出中国人的空间意识。我们又见到宗炳的《画山水序》里说得好："身所盘桓，目所绸缪，以形写形，以色貌色。"中国画山水所写出的岂不正是这目所绸缪、身所盘桓的层层山、叠叠水，尺幅之中写千里之景，而重重景象，虚灵绵邈，有如远寺钟声，空中回荡。宗炳又说，"抚琴弄操，欲令众山皆响"，中国画境之通于音乐，正如西洋画境之通于雕刻建筑一样。

西洋画在一个近立方形的框里幻出一个锥形的透视空间，由近至远，层层推出，以至于目极难穷的远天，令人心往不返，驰情入幻，浮士德的追求无尽，何以异此？

中国画则喜欢在一竖立方形的直幅里，令人抬头先见远山，然后由远至近，逐渐返于画家或观者所流连盘桓的水边林下。《易经》上说："无往不复，天地际也。"中国人看山水不是心往不返，目极无穷，而是"返身而诚""万物皆备于我"。王安石有两句诗云："一水护田将绿绕，两山排闼送青来。"前一句写盘桓、流连、绸缪之情；下一句写由远至近、回返自心的空间感觉。

这是中西画中所表现空间意识的不同。

略谈敦煌艺术的意义与价值

中国艺术有三个方向与境界。第一个是礼教的、伦理的方向。三代钟鼎和玉器都联系于礼教，而它的图案画发展为具有教育及道德意义的汉代壁画（如武梁祠壁画等），东晋顾恺之的女史箴，也还是属于这范畴。第二是唐宋以来笃爱自然界的山水花鸟，使中国绘画艺术树立了它的特色，获得了世界地位。然而正因为这"自然主义"支配了宋代的艺坛，遂使人们忘怀了那第三个方向，即从六朝到晚唐宋初的丰富的宗教艺术。这七八百年的佛教艺术创造了空前绝后的佛教雕像。云冈、龙门、天龙山的石窟，尤以近来才被人注意的四川大足造像和甘肃麦积山造像。中国竟有这样伟大的雕塑艺术，其数量之多，地域之广，规模之大，造诣之深，都足以和希腊雕塑艺术争辉千古！而这艺术却被唐宋以来的文人画家所视而不见，就像西洋中古教士对于罗马郊区的古典艺术熟视无睹。

雕刻之外，在当时更热闹、更动人、更炫丽的是彩色的壁画，而当时画家的艺术热情表现于张图与跋异竞赛这段动人的故事：

> 五代时，张图，梁人，好丹青，尤长大像。梁龙德间，洛阳广爱寺沙门义暄，置金币，邀四方奇笔，画三门两壁。时处士跋异，号为绝笔，乃来应募。异方草定画样，图忽立其后曰："知跋君敏手，固来赞贰。"异方自负，乃笑曰："顾陆，吾曹之友也，岂须赞贰？"图愿绘右壁，不假朾约，搦管挥写，倏忽成折腰报事师者，从以三鬼。异乃瞪目跐踏，惊拱而言曰："子岂非张将军乎？"图捉管厉声曰："然。"异雍容而谢曰："此二壁非异所能也。"遂引退；图亦不伪让，乃于东壁画水仙一座，直视西壁报事师者，意思极为高远。然跋异固为善佛道鬼神称绝笔艺者，虽被斥于张将军；后又在福先寺大殿画护法善神，方朾约时，忽有一人来，自言姓李，滑台人，有名善画罗汉，乡里呼余为李罗汉，当与汝对画，角其巧拙。异恐如张图者流，遂固让西壁与之。异乃竭精仵思，意与笔会，屹成一神，侍从严毅，而又设色鲜丽。李氏纵观异画，觉精妙入神非己所及，遂手足失措。由是异有得色，遂夸诧曰："昔见败于张将军，今取捷于李罗汉。"

这真是中国伟大的"艺术热情时代"！因了西域传来的宗教信仰的刺激及新技术的启发，中国艺人摆脱了传统礼教之理智束缚，驰骋他们的幻想，发挥他们的热力。线条、色彩、形象，无一不飞动奔放，虎虎有生气。"飞"是他们的精神理想，飞腾动荡是那时艺术境界的特征。

这个灿烂的佛教艺术，在中原本土，因历代战乱及佛教之衰退而被摧毁消灭。富丽的壁画及其崇高的境界真是"如幻梦如泡影"，从衰退萎弱的民族心灵里消逝了。支持画家艺境的是残山剩水、孤花片叶，虽具清超之美而乏磅礴的雄图。天佑中国！在西陲敦煌洞窟里，竟替我们保留了那千年艺术的灿烂遗影。我们的艺术史可以重新写了！我们如梦初觉，发现先民的伟力、活力、热力、想象力。

这次敦煌艺术研究所辛苦筹备的艺展，虽不能代替我们必须有一次的敦煌之游，而临摹的逼真，已经可以让我们从"一粒沙中窥见一个世界，一朵花中欣赏一个天国"了！

最使我们感兴趣的是敦煌壁画中的极其生动而具有神魔性的动物画，我们从一些奇禽异兽的泼辣的表现里透进了世界生命的原始境界，意味幽深而沉厚。现代西洋新派画家厌倦了自然表面的刻画，企求自由天真原始的心灵去把握自然生命的核心层。德国画家马尔克震惊世俗的《蓝马》，可以同这里的马精神相通。而这里《释尊本生故事图录》的画风，尤以"游观农务"一幅简直是近代画家盎利卢骚的特异的孩稚心灵的画境。几幅力士像和北魏乐伎像的构图及用笔，使我们联想到法国野兽派洛奥的拙厚的线条及中古教堂玻璃窗上哥特式的画像。而马蒂斯这些人的线纹也可以在这里找到他们的伟大先驱。不过这里的一切是出自古人的原始感觉和内心的迸发，浑朴而天真，而西洋新派画家是在追寻着失去的天国，是有意识地回到原始意味。

敦煌艺术在中国整个艺术史上的特点与价值，是在它的对象以人物为中心，在这方面与希腊相似。但希腊的人体的境界和这里有一个显著的分别。希腊的人像是着重在"体"，一个由皮肤轮廓所包的体积。所以表现得静穆稳重。而敦煌人像，全是在飞腾的舞姿中（连立像、坐像的躯体也是在扭曲的舞姿中）；人像的着重点不在体积而在那克服了地心吸力的飞动旋律。所以身体上的主要衣饰不是贴体的衫褐，而是飘荡飞举的缠绕着的带纹（在北魏画里有全以带纹代替衣饰的）。佛背的火焰似的圆光，足下的波浪似的莲座，联合着这许多带纹组成一幅广大繁富的旋律，象征着宇宙节奏，以容包这躯体的节奏于其中。这是敦煌人像所启示给我们的中西人物画的主要区别。只有英国的画家勃莱克的《神曲》插画中人物，也表现这同样的上下飞腾的旋律境界。近代雕刻家罗丹也摆脱了希腊古典意境，将人体雕像谱入于光的明暗闪灼的节奏中，而敦煌人像却系融化在线纹的旋律里。敦煌的艺境是音乐意味的，全以音乐舞蹈为基本情调，《西方净土变》的天空中还飞跃着各式乐器呢。

艺展中有唐画山水数幅，大可以帮助中国山水画史的探索，有一二幅令人想象王维的作风，但它们本身也都具有拙厚天真的美。在艺术史上，是各个阶段、各个时代"直接面对着上帝"的，各有各的境界与美。至少我们欣赏者应该拿这个态度去欣领他们的艺术价值。而我们现代艺术家能从这里获得深厚的启发，鼓舞创造的热情，是毫无疑义的。至于图案设计之繁富灿美也表示古人的创造的想象力之活跃，一个文化丰盛的时代，必能发明无数图案，装饰他们的物质背景，以美化他们的生活。

中国美学史中重要问题的初步探索

第一题　引言——中国美学史的特点和学习方法
一　学习中国美学史有特殊的优点和特殊的困难

我们学习中国美学史，要注意它的特点：

第一，中国历史上，不但在哲学家的著作中有美学思想，而且在历代的著名的诗人、画家、戏剧家……所留下的诗文理论、绘画理论、戏剧理论、音乐理论、书法理论中，也包含有丰富的美学思想，而且往往还是美学思想史中的精华部分。这样，学习中国美学史，材料就特别丰富，牵涉的方面也特别多。

第二，中国各门传统艺术（诗文、绘画、戏剧、音乐、书法、建筑）不但都有自己独特的体系，而且各门传统艺术之间，往往互相影响，甚至互相包含（例如诗文、绘画中可以找到园林建筑艺术所给予的美感或园林建筑要求的美，而园林建筑艺术又受诗歌绘画的影响，具有诗情画意）。因此，各门艺术在美感特殊性方面，在审美观方面，往往可以找到许多相同之处或相通之处。

充分认识以上特点，便可以明白，学习中国美学史，有它的特殊的困难条件，有它的特殊的优越条件，因而也就有特殊的趣味。

二　学习中国美学史在方法上要注意的问题

学习中国美学史，在方法上要掌握魏晋六朝这一中国美学思想大转折的关键。这个时代的诗歌、绘画、书法，例如陶潜、谢灵运、顾恺之、钟繇、王羲之等人的作品，对于唐以后的艺术的发展有着极大的开启作用。而这个时代的各种艺术理论，如陆机《文赋》、刘勰《文心雕龙》、钟嵘《诗品》、谢赫《古画品录》里的《绘画六法》，更为后来文学理论和绘画理论的发展奠定了基础。因此过去对于美学史的研究，往往就从这个时代开始，而对于先秦和汉代的美学思想几乎很少接触。但是中国从新石器时代以来一直到汉代，这一漫长的时间内，的确存在过丰富的美学思想，这些美学思想有着不同于六朝以后的特点。我们在《诗经》《易经》《乐记》《论语》《孟子》《荀子》《老子》《庄子》《墨子》《韩非子》《淮南子》《吕氏春秋》以至《汉赋》中，都可发现这样的资料。特别是近年来考古发掘方面有极伟大的新成就（参看夏鼐：《新中国的考古收获》）。大量的出土文物器具给我们提供了许多新鲜的古代艺术形象，可以同原有的古代文献资料互相印证，启发或加深我们对原有文献资料的认识。因此在学习中国美学史时，要特别注意考古学和古文字学的成果。从美学的角度对这些成果加以分析和研究，将提供许多新的资料、新的启发，使美学史的研究可以从六朝再往上推，以弥补美学史研究中这一段重要的空白。

第二题　先秦工艺美术和古代哲学、文学中所表现的美学思想
一　把哲学、文学著作和工艺、美术品联系起来研究

中国先秦出了许多著名的哲学家。他们不可能不谈到美的问题，也不可能不发表对于艺术的见解。尤其是庄子，往往喜欢用艺术做比喻说明他的思想。孔子也曾经用绘画来比喻礼，用雕刻来比喻教育，孟子对美下了定义。《吕氏春秋》《淮南子》谈到音乐。《礼记·乐记》更提供了一个相当完整的美学思想体系。

但是仅仅限于文字，我们对于这些古代思想家的美学思想往往了解得不具体，因而不深刻，我们应该结合古代的工艺品、美术品来研究。例如，结合汉代壁画和古代建筑来理解汉朝人的赋，结合发掘出来的编钟来理解古代的乐律，结合楚墓中极其艳丽的图案来理解《楚辞》的美，等等。这种结合研究所以是必要的，一方面是因为古代劳动人民创造工艺品时不单表现了高度技巧，而且表现了他们的艺术构思和美的理想（表现了工匠自己的美学思想）。像马克思所说，他们是按照美的规律来创造的；另方面是因为古代哲学家的思想，无论在表面上看来是多么虚幻（如庄子），但严格讲起

来都是对当时现实社会、对当时的实际的工艺品、美术品的批评。因此脱离当时的工艺美术的实际材料，就很难透彻理解他们的真实思想。

恩格斯说过："原则不是研究的出发点，而是它的最终结果；这些原则不是被应用于自然界和人类历史，而是从它们中抽象出来的；不是自然界和人类去适应原则，而是原则只有在适合于自然界和历史的情况下才是正确的。"（《反杜林论》第32页）毛主席也说："我们讨论问题，应当从实际出发，不是从定义出发。"（《毛泽东选集》第三卷第875页）我们现在来研究中国美学史，应该努力运用经典作家所指示的这种理论联系实际的科学的研究方法。

二　错采镂金的美和芙蓉出水的美

鲍照比较谢灵运的诗和颜延之的诗，谓谢诗如"初发芙蓉，自然可爱"，颜诗则是"铺锦列绣，雕缋满眼"。《诗品》："汤惠休曰：谢诗如芙蓉出水，颜诗如错采镂金。颜终身病之。"（见钟嵘《诗品》、《南史·颜延之传》）这可以说是代表了中国美学史上两种不同的美感或美的理想。

这两种美感或美的理想，表现在诗歌、绘画、工艺美术等各个方面。

楚国的图案、楚辞、汉赋、六朝骈文、颜延之诗、明清的瓷器，一直存在到今天的刺绣和京剧的舞台服装，这是一种美，"镂金错采、雕缋满眼"的美。汉代的铜器陶器、王羲之的书法、顾恺之的画、陶潜的诗、宋代的白瓷，这又是一种美，"初发芙蓉，自然可爱"的美。

魏晋六朝是一个转变的关键，划分了两个阶段。从这个时候起，中国人的美感走到了一个新的方面，表现出一种新的美的理想。那就是认为"初发芙蓉"比之于"镂金错采"是一种更高的美的境界。在艺术中，要着重表现自己的思想，自己的人格，而不是追求文字的雕琢。陶潜作诗和顾恺之作画，都是突出的例子。王羲之的字，也没有汉隶那么整齐，那么有装饰性，而是一种"自然可爱"的美。这是美学思想上的一个大的解放。诗、书、画开始成为活泼泼的生活的表现，独立的自我表现。

这种美学思想的解放在先秦哲学家那里就有了萌芽。从三代铜器那样整齐严肃、雕工细密的图案，我们可以推知先秦诸子所处的艺术环境是一个"镂金错采、雕缋满眼"的世界。先秦诸子对于这种艺术境界各自采取了不同的态度。一种是对这种艺术取否定的态度。如墨子，认为是奢侈、骄横、剥削的表现，使人民受痛苦，对国家没有好处，所以他"非乐"，即反对一切艺术。又如老庄，也否定艺术。庄子重视精神，轻视物质表现。老子说："五音令人耳聋，五色令人目盲。"另一种对这种艺术取肯定的态度，这就是孔孟一派。艺术表现在礼器上、乐器上。孔孟是尊重礼乐的。但他们也并非盲目受礼乐控制，而要寻求礼乐的本质和根源，进行分析批判。总之，不论肯定艺术还是否定艺术，我们都可以看到一种批判的态度，一种思想解放的倾向。这对后来的美学思想有极大的影响。

但是实践先于理论，工匠艺术家更要走在哲学家的前面。先在艺术实践上表现出一个新的境界，才有概括这种新境界的理论。现在我们有一个极珍贵的出土铜器，证明早于孔子一百多年，就已从"镂金错采、雕缋满眼"中突出一个活泼、生动、自然的形象，成为一种独立的表现，把装饰、花纹、图案丢在脚下了。这个铜器叫"莲鹤方壶"。它从真实自然界取材，不但有跃跃欲动的龙和螭，而且还出现了植物：莲花瓣。表示了春秋之际造型艺术要从装饰艺术独立出来的倾向。尤其顶上站着一个张翅的仙鹤象征着一个新的精神，一个自由解放的时代（原列故宫太和殿，现列历史博物馆）。

郭沫若对于此壶曾做了很好的论述：

> 此壶全身均浓重奇诡之传统花纹，予人以无名之压迫，几可窒息。乃于壶盖之周骈列莲瓣二层，以植物为图案，器在秦汉以前者，已为余所仅见之一例。而于莲瓣之中央复立一清新俊逸之白鹤，翔其双翅，单其一足，微隙其喙作欲鸣之状，余谓此乃时代精神之一象征也。此鹤初突破上古时代之鸿蒙，正踌躇满志，睥睨一切，践踏传统于其脚下，而欲作更高更远之飞翔。此正春秋初年由殷周半神话时代脱出时，一切社会情形及精神文化之一如实表现。（《殷周青铜器铭文研究》）

这就是艺术抢先表现了一个新的境界，从传统的压迫中跳出来。对于这种新的境界的理解，便产生出先秦诸子的解放的思想。

上述两种美感，两种美的理想，在中国历史上一直贯穿下来。

六朝的镜铭："鸾镜晓匀妆，慢把花钿饰。真如绿水中，一朵芙蓉出。"（《金石索》）在镜子的两面就表现了两种不同的美。后来宋词人李德润也有这样的句子："强整娇姿临宝镜，小池一朵芙蓉。"被况周颐评为"佳句"（《蕙风词话》）。

钟嵘很明显赞美"初发芙蓉"的美。唐代更有了发展。唐初四杰，还继承了六朝之华丽，但已有了一些新鲜空气。经陈子昂到李太白，就进入了一个精神上更高的境界。李太白诗："清水出芙蓉，天然去雕饰"，"自从建安来，绮丽不足珍。圣代复元古，垂衣贵清真"。"清真"也就是清水出芙蓉的境界。杜甫也有"直取性情真"的诗句。司空图《诗品》虽也主张雄浑的美，但仍倾向于"清水出芙蓉"的美："生气远出，妙造自然。"宋代苏东坡用奔流的泉水来比喻诗文。他要求诗文的境界要"绚烂之极归于平淡"，即不是停留在工艺美术的境界，而要上升到表现思想情感的境界。平淡并不是枯淡，中国向来把"玉"作为美的理想。玉的美，即"绚烂之极归于平淡"的美。可以说，一切艺术的美，以至于人格的美，都趋向玉的美：内部有光彩，但这是含蓄的光彩，这种光彩是极绚烂，又极平淡。苏轼又说："无穷出清新。""清新"与"清真"也是同样的境界。

清代刘熙载《艺概》也认为这两种美应"相济有功"。即形式的美与思想情感的表现结合，要有诗人自己的性格在内。近代王国维《人间词话》提出诗的"隔"与"不隔"之分。清真清新如陶谢便是"不隔"，雕缋雕琢如颜延之便是"隔"。"池塘生春草"好处就在"不隔"。而唐代李商隐的诗则可说是一种"隔"的美。

这条线索，一直到现在还是如此。我们京剧舞台上有浓厚的彩色的美，美丽的线条，再加上灯光，十分动人。但艺术家不停留在这境界，要如仙鹤高飞，向更高的境界走，表现出生活情感来。我们人民大会堂的美也可以说是绚烂之极归于平淡。这是美感的深度问题。

这两种美的理想，从另一个角度看，正是艺术中的美和真、善的关系问题。

艺术的装饰性，是艺术中美的部分。但艺术不仅满足美的要求，而且满足思想的要求，要能从艺术中认识社会生活、社会阶级斗争和社会发展规律。艺术品中本来有这两个部分：思想性和艺术性。真、善、美，这是统一的要求。片面强调美，就走向唯美主义；片面强调真，就走向自然主义。这种关系，在古代艺术家（工匠）那里，主要就是如何把统治阶级的政治含义表现美，即把器具装饰起来以达到政治的目的。另方面，当时的哲学家、思想家在对于这些实际艺术品的批判时，也就提供了关于美同真、善的关系的不同见解。如孔子批判其过分装饰，而要求教育的价值；老庄讲自然，根本否定艺术，要求放弃一切的美，归真返朴；韩非子讲法，认为美使人心动摇、浪漫，应该反对；墨子反对音乐，认为音乐引导统治阶级奢侈、不顾人民痛苦，认为美和善是相违反的。

三　虚和实——《考工记》

　　先秦诸子用艺术作譬喻来说明他们的哲学思想，反过来，他们的哲学思想对后代艺术的发展也起很大影响。我们提出其中最重要的一个观念，即虚和实的观念，结合这一观念在以后的发展来谈一谈。

　　《考工记·梓人为笋虡》章已经启发了虚和实的问题。钟和磬的声音本来已经可以引起美感，但是这位古代的工匠在制作笋虡时却不是简单地做一个架子就算了，他要把整个器具作为一个统一的形象来进行艺术设计。在鼓下面安放着虎豹等猛兽，使人听到鼓声，同时看见虎豹的形状，两方面在脑中虚构结合，就好像是虎豹在吼叫一样。这样一方面木雕的虎豹显得更有生气，而鼓声也形象化了，格外有情味，整个艺术品的感动力量就增加了一倍。在这里艺术家创造的形象是"实"，引起我们的想象是"虚"，由形象产生的意象境界就是虚实的结合，一个艺术品，没有欣赏者的想象力的活跃，是死的，没有生命，一张画可使你神游，神游就是"虚"。

　　《考工记》所表现的这种虚实结合的思想，是中国艺术的一个特点。中国画很重视空白。如马远就因常常只画一个角落而得名"马一角"，剩下的空白并不填实，是海，是天空，却并不感到空。空白处更有意味。中国书家也讲究布白，要求"计白当黑"。中国戏曲舞台上也利用虚空，如"刁窗"，不用真窗，而用手势配合音乐的节奏来表演，既真实又优美。中国园林建筑更是注重布置空间、处理空间。这些都说明，以虚带实，以实带虚，虚中有实，实中有虚，虚实结合，这是中国美学思想中的核心问题。

虚和实的问题，这是一个哲学宇宙观的问题。

这可以分成两派来讲。一派是孔孟，一派是老庄。老庄认为虚比真实更真实，是一切真实的原因，没有虚空存在，万物就不能生长，就没有生命的活跃。儒家思想则从实出发，如孔子讲"文质彬彬"，一方面内部结构好，一方面外部表现好。孟子也说"充实之谓美"，但是孔孟也并不停留于实，而是要从实到虚，发展到神妙的意境："充实而有光辉之谓大，大而化之之谓圣，圣而不可知之之谓神。"圣而不可知之，就是虚：只能体会，只能欣赏，不能解说，不能模仿，谓之神。所以孟子与老庄并不矛盾。他们都认为宇宙是虚和实的结合，也就是易经上的阴阳结合。《易·系辞传》："（易之）为道也，累迁。变动不居，周流六虚。"世界是变的，而变的世界对我们最显著的表现，就是有生有灭，有虚有实，万物在虚空中流动、运化，所以老子说："有无相生"，"虚而不屈，动而愈出"。

这种宇宙观表现在艺术上，就要求艺术也必须虚实结合，才能真实地反映有生命的世界。中国画是线条，线条之间就是空白。石涛的巨幅画《搜尽奇峰打草稿》（故宫藏），越满越觉得虚灵动荡，富有生命，这就是中国画的高妙处。六朝庚子山的小赋也有这种情趣。

四 虚和实——化景物为情思

上面讲了虚实问题的一个方面，即思想家认为客观现实是个虚实结合的世界，所以反映为艺术，也应该虚实结合，才有生命。现在再讲虚实问题的另一个方面，即思想家还认为艺术要主观和客观相结合，才能创造美的形象。这就是化景物为情思的思想。

宋人范晞文《对床夜语》说："不以虚为虚，而以实为虚，化景物为情思，从首至尾，自然如行云流水，此其难也。"

化景物为情思，这是对艺术中虚实结合的正确定义。以虚为虚，就是完全的虚无；以实为实，景物就是死的，不能动人；唯有以实为虚，化实为虚，就有无穷的意味、幽远的境界。

清人笪重光《画筌》说："实景清而空景现"，"真境逼而神生"，"虚实相生，无画处皆成妙境"。清人邹一桂《小山画谱》说："实者逼肖，则虚者自出。"这些话也是对于虚实结合的很好说明。艺术通过逼真的形象表现出内在的精神，即用可以描写的东西表达出不可以描写的东西。

我们举一些实例来说明这个问题。

《三岔口》这出京戏，并不熄掉灯光，但夜还是存在的。这里夜并非真实的夜，而是通过演员的表演在观众心中引起虚构的黑夜，是情感思想中的黑夜。这是一种"化景物为情思"。

《梁祝相送》可以不用布景，而凭着演员的歌唱、谈话、姿态表现出四周各种多变的景致。这景致在物理学上不存在，在艺术上却是存在的，这是"无画处皆成妙境"。这不但表现出景物，更重要的结合着表现了内在的精神。因此就不是照相的真实，而是挖掘得很深的核心的真实。这又是一种"化景物为情思"。

《史记·封禅书》写海外三神山，用虚虚实实的文笔，描写空灵动荡的风景，同时包含着对汉武帝的讽刺。作家要表现的历史上真实的字件，却用了一种不易捉摸的文学结构，以寄托他自己的情感、思想、见解。这是"化景物为情思"，表现出司马迁的伟大艺术天才。

范晞文《对床夜语》论杜甫诗："老杜多欲以颜色字置第一字，却引实字来。如'红入桃花嫩，青归柳叶新'是也。不如此，则语既弱而气亦馁。""红"本属于客观景物，诗人把它置第一字，就成了感觉、情感里的"红"。它首先引起我的感觉情趣，由情感里的"红"再进一步见到实在的桃花。经过这样从情感到实物，"红"就加重了、提高了。实化成虚，虚实结合，情感和景物结合，就提高了艺术的境界。

诗人欧阳修有首诗："夜凉吹笛千山月，路暗迷人百种花。棋罢不知人换世，酒阑无奈客思家。"这里情感好比是水，上面漂浮着景物。一种忧郁美丽的基本情调，把几种景致联系了起来。化实为虚，化景物为情思，于是成就了一首空灵优美的抒情诗。

《诗经·硕人》："手如柔荑，肤如凝脂，领如蝤蛴，齿如瓠犀，螓首蛾眉，巧笑倩兮，美目盼兮。"前五句堆满了形象，非常"实"，是"镂金错采、雕缋满眼"的工笔画。后二句是白描，是不可捉摸的笑，是空灵，是"虚"。这二句不用比喻的白描，使前面五句形象活动起来了。没有这二句，前面五句可以使人感到是一个庙里的观音菩萨像。有了这二句，就完成了一个如"初发芙蓉，自然可爱"的美人形象。

近人王蕴章《燃脂余韵》载："女士林韫林，福建莆田人，暮春济宁（山东）道上得诗云：'老树深深俯碧泉，隔林依约起炊烟。再添一个黄鹂语，便是江南二月天。'有依此绘一便面（扇面）者，韫林曰：'画固好，但添个黄鹂，便失我言外之情矣。'"在这里，诗的末二句是由景物所生起之"情思"，得此二句遂能化景物为情思，完成诗境，亦即画境进入诗境。诗境不能完全画出来，此乃"诗"与"画"的区别所在。画实而诗为画中之虚。虚与实，画与诗，可以统一而非同一。

以上所说化景物为情思、虚实结合，在实质上就是一个艺术创造的问题。艺术是一种创造，所以要化实为虚，把客观真实化为主观的表现。清代画家方士庶说："山川草木，造化自然，此实境也。因心造境，以手运心，此虚境也。虚而为实，是在笔墨有无间。"（《天慵庵随笔》）这就是说，艺术家创造的境界尽管也取之于造化自然，但他在笔墨之间表现了山苍木秀、水活石润，是在天地之外别构一种灵奇。是一个有生命的、活的，世界上所没有的新美、新境界。凡真正的艺术家都要做到这一点，虽然规模大小不同，但都必须有新的东西，新的体会，新的看法，新的表现，他的作品才能丰富世界，才有价值，才能流传。

五 《易经》的美学——贲卦

《易经》是儒家经典，包含了宝贵的美学思想。如《易经》有六个字——刚健、笃实、辉光，就代表了我们民族一种很健全的美学思想。《易经》的许多卦，也富有美学的启发，对于后来艺术思想的发展很有影响。六朝刘勰《文心雕龙·情采篇》说："是以衣锦褧衣，恶文太章，贲象穷白，贵乎反本。"又《征圣篇》说："文章昭晰以象'离'。""贲"和"离"都是《易经》里的卦名。这位伟大的文学理论家从易卦里也得到美学思想的启发。所以我也不放弃在这里面探索一下中国古代美学思想。

我们先介绍"贲"卦的美学。总起来说，贲卦讲的是一个文与质的关系问题。

贲☲　贲者饰也，用线条勾勒出突出的形象。这同中国古代绘画思想有联系。《论语》记孔子的话："绘事后素。"（郑康成注："绘画，文也。凡绘画先布众色，然后以素分布其间，以成其文。"）《韩非子》记"客有为周君画荚者"的故事，都说明中国古代绘画十分重视线条，这对我们理解贲卦有帮助。现在我们分三点来谈一谈贲卦的美学思想。

（一）象曰："山下有火。"夜间山上的草木在火光照耀下，线条轮廓突出，是一种美的形象。"君子以明庶政"，是说从事政治的人有了美感，可以使政治清明。但是判断和处理案件却不能根据美感，所以说"无敢折狱"。这表明了美和艺术（文饰）在社会生活中的价值和局限性。

（二）王廙（王羲之的叔父）曰："山下有火，文相照也。夫山之为体，层峰峻岭，峭嶮参差。直置其形，已如雕饰，复加火照，弥见文章。贲之象也。"（李鼎祚《周易集解》）美首先用于雕饰，即雕饰的美。但经火光一照，就不只是雕饰的美，而是装饰艺术进到独立的艺术：文章。文章是独立纯粹的艺术。在火光照耀下，山岭形象有一部分突出，一部分看不见，这好像是艺术的选择。由雕饰的美发展到了以线条为主的绘画的美，更提高了艺术家的创造性，更能表现艺术家自己的情感。王廙的时代正是山水画萌芽的时代，他上述的话，表明中国画家已在山水里头见到文章了。这是艺术思想的重要发展。

唐人张彦远《历代名画记》：唐以前山水大抵"群峰之势，若钿饰、犀栉，或水不容泛，或人大于山"，"石则务于雕透，如冰澌斧刃；绘树则刷脉镂叶，多栖梧宛柳，功倍愈拙，不胜其色"。这是批评当时的山水画停留在雕琢的美，而没有用人的诗的境界加以概括，使山水成为一首诗、一篇文章。这同样表示了艺术思想的发展，要求像火光的照耀作用一样，用人的精神对自然山水加以概括，组织成自己的文章，从雕饰的美，进到绘画的美。

（三）我们在前面讲到过两种美感、两种美的理想：华丽繁富的美和平淡素净的美。贲卦中也包含了这两种美的对立。"上九，白贲，无咎。"贲本来是斑纹华彩，绚烂的美。白贲，则是绚烂又复归于平淡。所以荀爽说："极饰反素也。"有色达到无色，例如山水花卉画最后都发展到水墨画，才是艺术的最高境界。所以《易经·杂卦》说："贲，五色也。"这里包含了一个重要的美学思想，就是认为要质地本身放光，才是真正的美。所谓"刚健、笃实、辉光"就是这个意思。

这种思想在中国美学史上影响很大，像六朝人的四六骈文、诗中的对句、园林中的对联，讲究华丽辞藻的雕饰，固是一种美，但向来被认为不是艺术的最高境界。要自然、朴素的白贲的美才是最高的境界。汉刘向《说苑》：孔子卦得贲，意不平，子张问，孔子曰，"贲，非正色也，是以叹之"，"吾闻之，丹漆不文，白玉不雕，宝珠不饰。何也？质有余者，不受饰也"。最高的美，应该是本色的美，就是白贲。刘熙载《艺概》说："白贲占于贲之上爻，乃知品居极上之文，只是本色。"所以中国人的建筑，在正屋之旁，要有自然可爱的园林；中国人的画，要从金碧山水，发展到水墨山水；中国人作诗作文，要讲究"绚烂之极归于平淡"。所有这些，都是为了追求一种较高的艺术境界，即白贲的境界。白贲，从欣赏美到超脱美，所以是一种扬弃的境界，刘勰《文心雕龙》里说："衣锦褧衣，恶文太章，贲象穷白，贵乎反本。"（按《中庸》："衣锦尚绢，恶其文太著也。"）这也是贲卦在后代确实起了美学的指导作用的证明。

六 《易经》的美学——离卦

离☲ 离卦和中国古代工艺美术、建筑艺术都有联系，同时也表明了古代艺术和生产劳动之间的联系。我们分四点对离卦的美学做一简单说明：

（一）离者丽也。古人认为附丽在一个器具上的东西是美的。离，既有相遇的意思，又有相脱离的意思，这正是一种装饰的美。这可以见到离卦的美是同古代工艺美术相联系的。工艺美术就是器。器是人类的创造，如马克思所指出的，它包含了人类的本质力量，是一本打开了的人类的心理学。所以器具的雕饰能够引起美感。附丽和美丽的统一，这是离卦的一个意义。

（二）离也者，明也。"明"古字，一边是月，一边是窗。月亮照到窗子上，是为明。这是富有诗意的创造。而离卦本身形状雕空透明，也同窗子有关。这说明离卦的美学和古代建筑艺术思想有关。人与外界既有隔又有通，这是中国古代建筑艺术的基本思想。有隔有通，这就依赖着雕空的窗门。这就是离卦包含的又一个意义。有隔有通，也就是实中有虚。这不同于埃及金字塔及希腊神庙等的团块造型。中国人要求明亮，要求与外面广大世界相交通。如山西晋祠，一座大殿完全是透空的。《汉书》记载武帝建元元年有学者名公玉带，上黄帝时明堂图，谓明堂中有四殿，四面无壁，水环宫垣，古语"堂厦"。"厦"即四面无墙的房子。这说明离卦的美学思想乃是虚实相生的美学，乃是内外通透的美学。

（三）丽者并也。丽加人旁，成俪，即并偶的意思。即两个鹿并排在山中跑。这是美的景象。在艺术中，如六朝骈俪文，如园林建筑里的对联，如京剧舞台上的形象的对比、色彩的对称等，都是并俪之美。这说明离卦又包含有对偶、对称、对比等对立因素可以引起美感的思想。

（四）《易·系辞下传》："作结绳而为网罟，以佃以渔，盖取诸离☲。"这是一种唯心主义的颠倒。我们把它倒转过来，就可以看出，古人关于离卦的思想，同生产工具的网有关。网，能使万物附丽在网上（网，古人觉得是美的，古代陶器上常以网纹为装饰），同时据此发挥了离卦以附丽为美的思想，以通透如网孔为美的思想。

《易经》中的咸卦☱也同美学有关。限于篇幅，我们不做介绍了。

在这个题目结束的时候，我们介绍两篇文章，以说明先秦文学艺术和美学思想所以能够发达的社会政治背景。一篇是章学诚《文史通义·诗教》（上、下），他指出当时文学的发达同纵横家在当时政治斗争中的活动有关；一篇是刘师培《论文杂记》，他指出春秋战国文学的发达同当时统治阶级中"行人之官"（外交使节）的活动有关。复杂的政治斗争丰富了他们的经验，增加了他们的见识，锻炼了他们的才能，因此他们能写出那样好的文章诗赋。这两篇文章的分析不能说完全周到，但是可以供我们参考。

第三题　中国古代的绘画美学思想
一　从线条中透露出形象姿态

我们以前讲过，埃及、希腊的建筑雕刻是一种团块的造型。米开朗琪罗说过：一个好的雕刻作品，就是从山上滚下来滚不坏的。

他们的画也是团块。中国就很不同。中国古代艺术家要打破这团块，使它有虚有实，使它疏通。中国的画，我们前面引过《论语》"绘事后素"的话以及《韩非子》"客有为周君画荚者"的故事，说明特别注意线条，是一个线条的组织。中国雕刻也像画，不重视立体性，而注意在流动的线条[①]。中国的建筑，我们以前已讲过了。中国戏曲的程式化，就是打破团块，把一整套行动化为无数线条，再重新组织起来，成为一个最有表现力的美的形象。翁偶虹介绍郝寿臣所说的表演艺术中的"叠折儿"说：折儿是从线条中透露出形象姿态的意思。这个特点正可以借来表明中国画以至中国雕刻的特点。中国的"形"字旁就是三根毛，以三根毛来代表形体上的线条。这也说明中国艺术的形象的组织是线纹。

由于把形体化成为飞动的线条，着重于线条的流动，因此使得中国的绘画带有舞蹈的意味。这从汉代石刻画和敦煌壁画（飞天）可以看得很清楚。有的线条不一定是客观实在所有的线条，而是画家的构思、画家的意境中要求一种有节奏的联系。例如东汉石画像上一幅画，有两根流动的线条就是画家凭空加上的。这使得整个形象显得更美，同时更深一层地表现内容的内部节奏。这好比是舞台

[①] 中国古代的绘画和雕刻是一致的。（畫，即古"画"字，郭沫若认为下面不是"田"字，是个"周"字，"周"就是"围珊"。可见古代的画，就是珊，画与围珊打成一片。）这一点，希腊也是同样。不过希腊的绘画和雕刻是统一于雕刻，中国则统一于绘画。敦煌的雕塑，背后就有美丽的壁画，雕塑的线条色彩和背后壁画的线条色彩是分不开的，雕塑本身就构成壁画的一个部分。

上的伴奏音乐。伴奏音乐烘托和强化舞蹈动作，使之成为艺术。用自然主义的眼光是不可能理解的。

荷兰大画家伦勃朗是光的诗人。他用光和影组成他的画，画的形象就如同从光和影里凸出的一个雕刻。法国大雕刻家罗丹的韵律也是光的韵律。中国画却是线的韵律，光不要了，影也不要了。"客有为周君画荚者"的故事中讲的那种漆画，要等待阳光从一定角度的照射，才能突出形象，在韩非子看来，价值就不高，甚至不能算作画了。

从中国画注重线条可以知道中国画的工具——笔墨的重要，中国的笔发达很早，殷代已有了笔，仰韶文化的陶器上已经有用笔画的鱼。在楚国墓中也发现了笔，中国的笔有极大的表现力，因此"笔墨"二字，不但代表绘画和书法的工具，而且代表了一种艺术境界。

我国现存的一幅时代古老的画是1949年长沙出土的晚周帛画。对于这幅画，郭沫若做了这样极有诗意的解释：

> 画中的凤与夔，毫无疑问是在斗争。夔的唯一的一只脚伸向凤颈抓拿，凤的前屈的一只脚也伸向夔腹抓拿。夔是死沓沓地绝望地拖垂着的，凤却矫健鹰扬地呈现着战胜者的神态。
>
> 的确，这是善灵战胜了恶灵，生命战胜了死亡，和平战胜了灾难。这是生命胜利的歌颂，和平胜利的歌颂。
>
> 画中的女子，我觉得不好认为巫女。那是一位很现实的正常女人的形象，并没有什么妖异的地方。从画中的位置看来，

女子是分明站在凤鸟一边的。因此我们可以肯定地说，画的意义是一位好心肠的女子，在幻想中祝祷着：经过斗争的生命的胜利、和平的胜利。

画的构成很巧妙地把幻想与现实交织着，充分表现着战国时代的时代精神。

虽然规模有大小的不同，和屈原的《离骚》的构成有异曲同工之妙。但比起《离骚》来，意义却还要积极一些：因为这里有斗争，而且有斗争必然胜利的信念。画家无疑是有意识地构成这个画面的，不仅布置匀称，而且意象轩昂。画家是站在时代的焦点上，牢守着现实的立场，虽然他为时代所限制，还没有可能脱尽古代的幻想。

这是中国现存的最古的一幅画，透过两千年的岁月的铅幕，我们听出了古代画工的搏动着的心音。(《文史论集》第296—297页)

现在我们要注意的是，这样一幅表现了战国时代的时代精神的含义丰富的画，它的形象正是由线条组成的。换句话说，它是凭借中国画的工具——笔墨而得到表现的。

二　气韵生动和迁想妙得（见洛阳西汉墓壁画）

六朝齐的谢赫，在《古画品录》序中提出了绘画"六法"，成为中国后来绘画思想、艺术思想的指导原理。"六法"就是：（一）气韵生动；（二）骨法用笔；（三）应物象形；（四）随类赋彩；（五）经营位置；（六）传移摹写。

希腊人很早就提出"模仿自然"。谢赫"六法"中的"应物象形""随类赋彩"是模仿自然，它要求艺术家睁眼看世界：形象、颜色，并把它表现出来。但是艺术家不能停留在这里，否则就是自然主义。艺术家要进一步表达出形象内部的生命，这就是"气韵生动"的要求。气韵生动，这是绘画创作追求的最高目标、最高的境界，也是绘画批评的主要标准。

气韵，就是宇宙中鼓动万物的"气"的节奏、和谐。绘画有气韵，就能给欣赏者一种音乐感。六朝山水画家宗炳，对着山水画弹琴说："欲令众山皆响。"这说明山水画里有音乐的韵律。明代画家徐渭的《驴背吟诗图》，使人产生一种驴蹄行进的节奏感，似乎听见了驴蹄的答答的声音，这是画家微妙的音乐感觉的传达。其实不单绘画如此，中国的建筑、园林、雕塑中都潜伏着音乐感，即所谓"韵"。西方有的美学家说：一切的艺术都趋向于音乐。这话是有部分的真理的。

再说"生动"。谢赫提出这个美学范畴，是有历史背景的。在汉代，无论绘画、雕塑、舞蹈、杂技，都是热烈飞动、虎虎有生气的。画家喜欢画龙、画虎、画飞鸟、画舞蹈中的人物。雕塑也大多表现动物。所以，谢赫的"气韵生动"，不仅仅是提出了一个美学要求，而且首先是对于汉代以来的艺术实践的一个理论概括和总结。

谢赫以后，历代画论家对于"六法"继续有所发挥。如五代的荆浩解释"气韵"二字："气者，心随笔运，取象不惑。韵者，隐迹立形，备遗不俗。"（《笔法记》）这就是说，艺术家要把握对象的精神实质，取出对象的要点，同时在创造形象时又要隐去自己的笔迹，不使欣赏者看出自己的技巧。这样把自我溶化在对象里，突出对象的有代表性的方面，就成功为典型的形象了。这样的形象就能让欣赏者有丰富的想象的余地。所以黄庭坚评李龙眠的画时说，"韵"者即有余不尽。

为了达到"气韵生动"，达到对象的核心的真实，艺术家要发挥自己的艺术想象。这就是顾恺之论画时说的"迁想妙得"。一幅画既然不仅仅描写外形，而且要表现出内在神情，就要靠内心的体会，把自己的想象迁入对象形象内部去，这就叫"迁想"；经过一番曲折之后，把握了对象的真正神情，是为"妙得"。颊上三毛，可以说是"迁想妙得"了——也就是把客观对象的真正特性，把客观对象的内在精神表现出来了。

顾恺之说："台榭一定器耳，难成而易好，不待迁想妙得也。"这是受了时代的限制。后来山水画发达起来以后，同样有人的灵魂在内，寄托了人的思想情感，表现了艺术家的个性。譬如倪云林画一幅茅亭，就不是一张建筑设计图，而是凝结着画家的思想情感，传达出了画家的风貌。这就同样需要"迁想妙得"。

总之，"迁想妙得"就是艺术想象，或如现在有些人用的术语：形象思维。它概括了艺术创造、艺术表现方法的特殊性。后来荆浩

《笔法记》提出的图画六要中的"思"（"思者，删拔大要，凝想形物"），也就是这个"迁想妙得"。

三 骨力、骨法、风骨

前面说到，笔墨是中国画的一个重要特点。笔有笔力。卫夫人说，"点如坠石"，即一个点要凝聚了过去的运动的力量。这种力量是艺术家内心的表现，但并非剑拔弩张，而是既有力，又秀气。这就叫作"骨"。"骨"就是笔墨落纸有力、突出，从内部发挥一种力量，虽不讲透视却可以有立体感，对我们产生一种感动力量。骨力、骨气、骨法，就成了中国美学中极重要的范畴，不但使用于绘画理论中（如顾恺之《魏晋胜流画赞》，几乎对每一个人的批评都要提到"骨"字），而且也使用于文学批评中（如《文心雕龙》有《风骨》篇）。

所谓"骨法"，在绘画中，粗浅来说，有如下两方面的含义。

（一）形象、色彩有其内部的核心，这是形象的"骨"。画一只老虎，要使人感到它有"骨"。"骨"，是生命和行动的支持点（引申到精神方面，就是有气节，有骨头，站得住），是表现一种坚定的力量，表现形象内部的坚固的组织。因此"骨"也就反映了艺术家主观的感觉、感受，表现了艺术家主观的情感态度。艺术家创造一个艺术形象，就有褒贬，有爱憎，有评价。艺术家一下笔就是一个判断。在舞台上，丑角出台，音乐是轻松的、不规则的、跳动的；大将出台，音乐就变得庄严了。这种音乐伴奏，就是艺术家对人物的评价。同样，"骨"不仅是对象内部核心的把握，同时也包含着艺术家对于人物事件的评价。

（二）"骨"的表现要依赖于"用笔"。张彦远说："夫象物必在于形似，而形似须全其骨气；骨气形似，皆本于立意而归于用笔。"（《历代名画记》）这里讲到了"骨气"和"用笔"的关系。为什么"用笔"这么要紧？这要考虑到中国画的"笔"的特点。中国画用毛笔。毛笔有笔锋，有弹性。一笔下去，墨在纸上可以呈现出轻重浓淡的种种变化。无论是点，是面，都不是几何学上的点与面（那是图案画），不是平的点与面，而是圆的，有立体感。中国画家最反对平扁，认为平扁不是艺术。就是写字，也不是平的。中国书法家用中锋写的字，背阳光一照，正中间有道黑线，黑线周围是淡墨，叫作"绵裹铁"。圆滚滚的，产生了立体的感觉，也就是引起了"骨"的感觉。中国画家多半用中锋作画。也有用侧锋作画的。因为侧锋易造成平面的感觉，所以他们比较讲究构图的远近透视、光线的明暗等等。这在画史上就是所谓"北宗"（以南宋的马、夏为代表）。

"骨法用笔"，并不是同"墨"没有关系。在中国绘画中，笔和墨总是相互包含、相互为用的。所以不能离开"墨"来理解"骨法用笔"。对于这一点，吕凤子有过很好的说明。他说：

"赋彩画"和"水墨画"有时即用彩色水墨涂染成形，不用线作形廓，旧称"没骨画"。应该知道线是点的延长，块是点的扩大；又该知道点是有体积的，点是力之积，积力成线会使人有"生死刚正"之感，叫作骨。难道同样会使人有"生死刚正"之感的点和块，就不配叫作骨吗？画不用线构成，就须用色点或墨点、色块或墨块构成。中国画是以骨为质的，这是中国画的基本特征，怎么能叫不用线构的画作'没骨画'呢？叫它作没线画是对的，叫作"没骨画"便欠妥当了。

这大概是由于唐宋间某些画人强调笔墨（包括色说）可以分开各尽其用而来。他们以为笔有笔用与墨无关，笔的能事限于构线，墨有墨用与笔无关，墨的能事止于涂染；以为骨成于笔不是成于墨与色的，因而叫不是由线构成而是由点块构成，即不是由笔构成而是由墨与色构成的画作"没骨画"。不知笔墨是永远相依为用的；笔不能离开墨而有笔的用，墨也不能离开笔而有墨的用。笔在墨在，即墨在笔在。笔在骨在，也就是墨在骨在。怎么能说有线才算有骨，没线便是没骨呢？我们在这里敢这样说：假使"赋彩画"或"水墨画"真是没有骨的话，那还配叫它作中国画吗？（《中国画法研究》第27—28页）

现在我们再来谈谈"风骨"。刘勰说："怊怅述情，必始乎风；沉吟铺辞，莫先于骨。""结言端直，则文骨成焉，意气骏爽，则文风生焉。"（《文心雕龙·风骨》）对于"风骨"的理解，现在学术界很有争论。"骨"是否只是一个辞藻（铺辞）的问题？我认为"骨"和词是有关系的。但词是有概念内容的。词清楚了，它所表现的现实形象或对于形象的思想也清楚了。"结言端直",就是一句话要明白正确,不是歪曲,不是诡辩。这种正确的表达,就产生了文骨。但光有"骨"还不够,还必须从逻辑性走到艺术性,才能感动人。所以"骨"之外还要有"风"。"风"可以动人,"风"是从情感中来的。中国古典美学理论既重视思想——表现为"骨",又重视情感——表现为"风"。一篇有风有骨的文章就是好文章,这就同歌唱艺术中讲究"咬字行腔"一样。咬字是骨,即结言端直,行腔是风,即意气骏爽、动人情感。

四 "山水之法,以大观小"

中国画不注重从固定角度刻画空间幻景和透视法。由于中国陆地广大深远,苍苍茫茫,中国人多喜欢登高望远(重九登高的习惯),不是站在固定角度透视,而是从高处把握全面。这就形成中国山水画中"以大观小"的特点。宋代李成在画中"仰画飞檐",沈括嘲笑他是"掀屋角"。沈括说:

> 李成画山上亭馆及楼阁之类,皆仰画飞檐。其说以为"自下望上,如人平地望塔檐间,见其榱桷"。此论非也。大都山水之法,盖以大观小,如人观假山耳。若同真山之法,以下望上,只合见一重山,岂可重重悉见,兼不应见其溪谷间事。又如屋舍,亦不应见其中庭及后巷中事。若人在东立,则山西便

合是远境；人在西立，则山东却合是远境。似此如何成画？李君盖不知以大观小之法。其间折高折远，自有妙理，岂在掀屋角也？（《梦溪笔谈》卷十七）

画家的眼睛不是从固定角度集中于一个透视的焦点，而是流动着飘瞥上下四方，一目千里，把握大自然的内部节奏，把全部景界组织成一幅气韵生动的艺术画面。"诗云：鸢飞戾天，鱼跃于渊，言其上下察也。"（《中庸》）这就是沈括说的"折高折远"的"妙理"。而从固定角度用透视法构成的画，他却认为那不是画，不成画。中国和欧洲绘画在空间观点上有这样大的不同。值得我们的注意。谁是谁非？

第四题　中国古代的音乐美学思想
一　关于《乐记》

中国古代思想家对于音乐，特别对于音乐的社会作用、政治作用，向来是十分重视的。早在先秦，就产生了一部在音乐美学方面带有总结性的著作，就是有名的《乐记》。

《乐记》提供了一个相当完整的体系，对后代影响极大。对于这本书的内容，郭沫若曾经做了详细的分析（参看《青铜时代》一书中《公孙尼子与其音乐理论》一文）。我们现在只想补充两点：

（一）《乐记》，照古籍记载，本来有二十三篇或二十四篇。

前十一篇是现存的《乐记》，后十二篇是关于音乐演奏、舞蹈表演等方面技术的记载，《礼记》没有收进去，后来失传了，只留下了前十一篇关于理论的部分，这是一个损失。

为什么要提到这一点呢？是为了说明，中国古代的音乐理论是全面的，它并不限于抽象的理论而轻视实践的材料。事实上，关于实践的记述，往往就能提供理论的启发。

（二）《乐记》最突出的特点，是强调音乐和政治的关系。一方面，强调维持等级社会的秩序，所谓"天地之序"——这就是"礼"，一方面强调争取民心，保持整个社会的谐和，所谓"天地之为"——这就是"乐"：两方面统一起来，达到巩固等级制度的目的。有人否认《乐记》的阶级内容，那是很错误的。

二 从逻辑语言走到音乐语言

中国民族音乐，从古到今，都是声乐占主导地位。所谓"丝不如竹，竹不如肉，渐近自然也"（《世说新语》）。

中国古代所谓"乐"，并非纯粹的音乐，而是舞蹈、歌唱、表演的一种综合。《乐记》上有一段记载：

　　故歌者，上如抗，下如队，曲如折，止如槁木，倨中矩，句中钩，累累乎端如贯珠。故歌之为言也，长言之也。说之，故言之；言之不足，故长言之；长言之不足，故嗟叹之；嗟叹之不足，故不知手之舞之足之蹈之也。

"歌"是"言"，但不是普通的"言"，而是一种"长言"。"长言"即入腔，成了一个腔调，从逻辑语言、科学语言走入音乐语言、艺术语言。为什么要"长言"呢？就是因为这是一个情感的语言。"悦之故言之"，因为快乐，情不自禁，就要说出，普通的语言不够表达，就要"长言之"和"嗟叹之"（入腔和行腔），这就到了歌唱的境界。更进一步，心情的激动要以动作来表现，就走到了舞蹈的境界，所谓"嗟叹之不足，故不知手之舞之足之蹈之也"。这种思想在当时较为普遍。《诗大序》也说了相类似的话："情动于中而形于言，言之不足故嗟叹之，嗟叹之不足故永歌之，永歌之不足，不知手之舞之，足之蹈之也。"这也是说，逻辑语言，由于情感之推动，产生飞跃，成为音乐的语言，成为舞蹈。

那么，这推动逻辑语言使成为音乐语言的情感又是怎么产生的呢？古代思想家认为，情感产生于社会的劳动生活和阶级的压迫，所谓"男女有所怨恨，相从为歌。饥者歌其食，劳者歌其事"（见《公羊传》宣公十五年何休注。《韩诗外传》，嵇康《声无哀乐论》）。这显然是一种进步的美学思想。

三 "声中无字，字中有声"

从逻辑语言进到音乐语言，就产生了一个"字"和"声"的关系问题。

"字"就是概念，表现人的思想。思想应该正确反映客观真实，所以"字"里要求"真"。音乐中有了"字"，就有了属于人、与人有密切联系的内容。但是"字"还要转化为"声"，变成歌唱，走到音乐境界。这就是表现真理的语言要进入到美。"真"要融化在"美"里面。"字"与"声"的关系，就是"真"与"美"的关系。只谈"美"，不谈"真"，就是形式主义、唯美主义。既真又美，这是梅兰芳一生追求的目标。他运用传统唱腔，表现真实的生活和真实的情感，创造出真切动人的新的美，成为一代大师。

宋代的沈括谈到过"字"与"声"的关系，提出了中国歌唱艺术的一条重要规律："声中无字，字中有声。"他说：

> 古之善歌者有语，谓"当使声中无字，字中有声"。凡曲，止是一声清浊高下如萦缕耳，字则有喉唇齿舌等音不同。当使字字举本皆轻圆，悉融入声中，令转换处无磊魂，此谓"声中无字"，古人谓之"如贯珠"，今谓之"善过度"是也。如宫声字而曲合用商声，则能转宫为商歌之，此"字中有声"也，善歌者谓之"内里声"。不善歌者，声无抑扬，谓之"念曲"；声无含韫，谓之"叫曲"。（《梦溪笔谈》卷五）

"字中有声"，这比较好理解。但是什么叫"声中无字"呢？是不是说，在歌唱中要把"字"取消呢？是的，正是说要把"字"

取消。但又并非完全取消，而是把它融化了，把"字"解剖为头、腹、尾三个部分，化成为"腔"。"字"被否定了，但"字"的内容在歌唱中反而得到了充分的表达。取消了"字"，却把它提高和充实了，这就叫"扬弃"。"弃"是取消，"扬"是提高。这是辩证的过程。

戏曲表演里讲究的"咬字行腔"，就体现了这条规律。"字"和"腔"就是中国歌唱的基本元素。咬字要清楚，因为"字"是表现思想内容，反映客观现实的。但为了充分地表达，还要从"字"引出"腔"。程砚秋说，咬字就如猫抓老鼠，不一下子抓死，既要抓住，又要保存活的。这样才能既有内容的表达，又有艺术的韵味。

"咬字行腔"，是结合现实而不断发展的。例如马泰在评剧《夺印》中，通过声音的抑扬高低，表现了人物的高度政治原则性。这在唱腔方面就有所发展。近来在京剧演现代戏里更接触到从生活出发，从人物出发来发展和改进京剧唱腔和曲调的问题，值得我们注意。

四　务头

戏曲歌唱里有所谓务头，牵涉艺术的内容和形式等问题，所以我们在此简略地谈一谈。

什么叫"务头"？"曲调之声情，常与文情相配合，其最胜妙处，名曰'务头'。"（童斐伯《中乐寻源》）这是说，"务头"是指精彩的文字和精彩的曲调的一种互相配合的关系。一篇文章不能从头到尾都精彩，必须有平淡来突出精彩。人的精彩在"眼"。失去眼神，就等于是泥塑木雕。诗中也有"眼"。"眼"是表情的，特别引起人们的注意。曲中就叫"务头"。李渔说：

> 曲中有务头，犹棋中有眼，有此则活，无此则死。进不可战，退不可守者，无眼之棋，死棋也；看不动情，唱不发调者，无务头之曲，死曲也。一曲有一曲之务头，一句有一句之务头。字不聱牙，音不泛调，一曲中得此一句，即使全曲皆灵，一句中得此一二字，即使全句皆健者，务头也。由此推之，则不特曲有务头，诗词歌赋以及举子业，无一不有务头矣。（《闲情偶寄·别解务头》）

从这段话可以看出，"务头"的问题，并不限于戏曲的范围，它包含有各种艺术共有的某些一般规律性的内容。近人吴梅在《顾曲麈谈》里对"务头"有更深入的确切的说明。

第五题　中国园林建筑艺术所表现的美学思想
一　飞动之美

前面讲《考工记》的时候，已经讲到古代工匠喜欢把生气勃勃的动物形象用到艺术上去。这比起希腊来，就很不同。希腊建筑上的雕刻，多半用植物叶子构成花纹图案。中国古代雕刻却用龙、虎、鸟、蛇这一类生动的动物形象，至于植物花纹，要到唐代以后才逐渐兴盛起来。

在汉代，不但舞蹈、杂技等艺术十分发达，就是绘画、雕刻，也无一不呈现一种飞舞的状态。图案画常常用云彩、雷纹和翻腾的龙构成，雕刻也常常是雄壮的动物，还要加上两个能飞的翅膀。充分反映了汉民族在当时的前进的活力。

这种飞动之美，也成为中国古代建筑艺术的一个重要特点。

《文选》中有一些描写当时建筑的文章，描写当时城市宫殿建筑的华丽，看来似乎只是夸张，只是幻想。其实不然。我们现在从地下坟墓中发掘出来实物材料，那些颜色华美的古代建筑的点缀品，说明《文选》中的那些描写，是有现实根据的，离开现实并不是那么远的。

现在我们看《文选》中一篇王文考作的《鲁灵光殿赋》。这篇赋告诉我们，这座宫殿内部的装饰，不但有碧绿的莲蓬和水草等装饰，尤其有许多飞动的动物形象：有飞腾的龙，有愤怒的奔兽，有红颜色的鸟雀，有张着翅膀的凤凰，有转来转去的蛇，有伸着颈子的白鹿，有伏在那里的小兔子，有抓着椽在互相追逐的猿猴，还有一个黑颜色的熊，背着一个东西，蹲在那里，吐着舌头。不但有动物，还有人：一群胡人，带着愁苦的样子，眼神憔悴，面对面跪在屋架的某一个危险的地方。上面则有神仙、玉女，"忽瞟眇以响象，若鬼神之仿佛"。在做了这样的描写之后，作者总结道："图画天地，品类群生，杂物奇怪，山神海灵，写载其状，托之丹青，千变万化，事各缪形，随色象类，曲得其情。"这简直可以说是谢赫六法的先声了。

不但建筑内部的装饰，就是整个建筑形象，也着重表现一种动态，中国建筑特有的"飞檐"，就是起这种作用。根据《诗经》的记载，周宣王的建筑已经像一只野鸡伸翅在飞（《斯干》），可见中国的建筑很早就趋向于飞动之美了。

二　空间的美感（一）

建筑和园林的艺术处理，是处理空间的艺术。老子就曾说："凿户牖以为室，当其无，有室之用。"室之用是由于室中之空间。而"无"在老子又即是"道"，即是生命的节奏。

中国的园林是很发达的。北京故宫三大殿的旁边，就有三海，郊外还有圆明园、颐和园等，这是皇帝的园林。民间的老式房子，也总有天井、院子，这也可以算作一种小小的园林。例如，郑板桥这样描写一个院落：

十笏茅斋，一方天井，修竹数竿，石笋数尺，其地无多，其费亦无多也。而风中雨中有声，日中月中有影，诗中酒中有情，闲中闷中有伴，非惟我爱竹石，即竹石亦爱我也。彼千金万金造园亭，或游宦四方，终其身不能归享。而吾辈欲游名山大川，又一时不得即往，何如一室小景，有情有味，历久弥新乎？对此画，构此境，何难敛之则退藏于密，亦复放之可弥六合也。（板桥题画《竹石》）

　　我们可以看到，这个小天井，给了郑板桥这位画家多少丰富的感受！空间随着心中意境可敛可放，是流动变化的，是虚灵的。

　　宋代的郭熙论山水画，说"山水有可行者，有可望者，有可游者，有可居者"（《林泉高致》）。可行、可望、可游、可居，这也是园林艺术的基本思想。园林中也有建筑，要能够居人，使人获得休息。但它不只是为了居人，它还必须可游，可行，可望。"望"最重要。一切美术都是"望"，都是欣赏。不但"游"可以发生"望"的作用（颐和园的长廊不但领导我们"游"，而且领导我们"望"），就是"住"，也同样要"望"。窗子并不单为了透空气，也是为了能够望出去，望到一个新的境界，使我们获得美的感受。

　　窗子在园林建筑艺术中起着很重要的作用。有了窗子，内外就发生交流。窗外的竹子或青山，经过窗子的框框望去，就是一幅画。颐和园乐寿堂差不多四边都是窗子，周围粉墙列着许多小窗，面向湖景，每个窗子都等于一幅小画（李渔所谓"尺幅窗，无心画"）。而且同一个窗子，从不同的角度看出去，景色都不相同。这样，画的境界就无限地增多了。

　　明代人有一小诗，可以帮助我们了解窗子的美感作用。

一琴几上闲，数竹窗外碧。帘户寂无人，春风自吹入。

这个小房间和外部是隔离的，但经过窗子又和外边联系起来了。没有人出现，突出了这个小房间的空间美。这首诗好比是一张静物画，可以当作塞尚（Cyzanne）画的几个苹果的静物画来欣赏。

不但走廊、窗子，而且一切楼、台、亭、阁，都是为了"望"，都是为了得到和丰富对于空间的美的感受。

颐和园有个匾额，叫"山色湖光共一楼"。这是说，这个楼把一个大空间的景致都吸收进来了。左思《三都赋》："八极可围于寸眸，万物可齐于一朝。"苏轼诗："赖有高楼能聚远，一时收拾与闲人。"就是这个意思。颐和园还有个亭子叫"画中游"。"画中游"，并不是说这亭子本身就是画，而是说，这亭子外面的大空间好像一幅大画，你进了这亭子，也就进入到这幅大画之中。所以明人计成在《园冶》中说："轩楹高爽，窗户邻虚，纳千顷之汪洋，收四时之烂漫。"

这里表现着美感的民族特点。古希腊人对于庙宇四围的自然风景似乎还没有发现。他们多半把建筑本身孤立起来欣赏。古代中国人就不同。他们总要通过建筑物，通过门窗，接触外面的大自然（我们讲离卦的美学时曾经谈到过这一点）。"窗含西岭千秋雪，门泊东吴万里船"（杜甫）。诗人从一个小房间通到千秋之雪、万里之船，也就是从一门一窗体会到无限的空间、时间。这样的诗句多得很。像"凿翠开户牖"（杜甫），"山川俯绣户，日月近雕梁"

（杜甫），"檐飞宛溪水，窗落敬亭云"（李白），"山翠万重当槛出，水光千里抱城来"（许浑），都是小中见大，从小空间进到大空间，丰富了美的感受。外国的教堂无论多么雄伟，也总是有局限的。但我们看天坛的那个祭天的台，这个台面对着的不是屋顶，而是一片虚空的天穹，也就是以整个宇宙作为自己的庙宇。这是和西方很不相同的。

三 空间的美感（二）

为了丰富对于空间的美感，在园林建筑中就要采用种种手法来布置空间、组织空间、创造空间，例如借景、分景、隔景等。其中，借景又有远借、邻借、仰借、俯借、镜借等。总之，为了丰富对景。

玉泉山的塔，好像是颐和园的一部分，这是"借景"。苏州留园的冠云楼可以远借虎丘山景，拙政园在靠墙处堆一假山，上建"两宜亭"，把隔墙的景色尽收眼底，突破围墙的局限，这也是"借景"。颐和园的长廊，把一片风景隔成两个，一边是近于自然的广大湖山，一边是近于人工的楼台亭阁，游人可以两边眺望，丰富了美的印象，这是"分景"。《红楼梦》小说里大观园运用园门、假山、墙垣等，造成园中的曲折多变，境界层层深入，像音乐中不同的音符一样，使游人产生不同的情调，这也是"分景"。颐和园中的谐趣园，自成院落，另辟一个空间，另是一种趣味。这种大园林中的小园林，叫作"隔景"。对着窗子挂一面大镜，把窗外大空间的景致照入镜中成为一幅发光的"油画"。"隔窗云雾生衣上，卷幔山泉入镜中"（王维），"帆影都从窗隙过，溪光合向镜中看"（叶令仪），这就是所谓"镜借"了。"镜借"是凭镜借景，使景映镜中，化实为虚（苏州怡园的面壁亭处境逼仄，乃悬一大镜，把对面假山和螺髻亭收入境内，扩大了境界）。园中凿池映景，亦此意。

无论是借景、对景，还是隔景、分景，都是通过布置空间、组织空间、创造空间、扩大空间的种种手法，丰富美的感受，创造了艺术意境。中国园林艺术在这方面有特殊的表现，它是理解中华民族的美感特点的一项重要的领域。概括说来，当如沈复所说的："大中见小，小中见大，虚中有实，实中有虚，或藏或露，或浅或深，不仅在'周回曲折'四字也。"（《浮生六记》）这也是中国一般艺术的特征。

辑一

美的启示

看了罗丹雕刻以后

"……艺术是精神和物质的奋斗……艺术是精神的生命贯注到物质界中，使无生命的表现生命，无精神的表现精神。……艺术是自然的重现，是提高的自然。……"抱了这几种对于艺术的直觉见解走到欧洲，经过巴黎，徘徊于罗浮艺术之宫，摩挲于罗丹雕刻之院，然后我的思想大变了。否，不是变了，是深沉了。

我们知道我们一生生命的迷途中，往往会忽然遇着一刹那的电光，破开云雾，照瞩前途黑暗的道路。一照之后，我们才确定了方向，直往前趋，不复迟疑。纵使本来已经是走着了这条道路，但是今后才确有把握，更增了一番信仰。

我这次看见了罗丹的雕刻，就是看到了这一种光明。我自己自幼的人生观和自然观是相信创造的活力是我们生命的根源，也是自然的内在的真实。你看那自然何等调和，何等完满，何等神秘不可思议！你看那自然中何处不是生命，何处不是活动，何处不是优美光明！这大自然的全体不就是一个理性的数学、情绪的音乐、意志的波澜么？一言蔽之，我感得这宇宙的图画是个大优美精神的表现。但是年事长了，经验多了，同这个实际世界冲突久了，晓得这空间中有一种冷静的、无情的、对抗的物质，为我们自我表现、意志活动的阻碍，是不可动摇的事实。又晓得这人事中有许多悲惨的、冷酷的、愁闷的、龌龊的现状，也是不可动摇的事实。这个世界不是已经美满的世界，乃是向着美满方面战斗进化的世界。你试看那棵绿叶的小树。它从黑暗冷湿的土地里向着日光，向着空气，做无止境的战斗。终竟枝叶扶疏，摇荡于青天白云中，表现着不可言说的美。一切有机生命皆凭借物质扶摇而入于精神的美。大自然中有一种不可思议的活力，推动无生界以入于有机界，从有机界以至于最高的生命、理性、情绪、感觉。这个活力是一切生命的源泉，也是一切"美"的源泉。

自然无往而不美。何以故？以其处处表现这种不可思议的活力故。照相片无往而美。何以故？以其只摄取了自然的表面，而不能表现自然底面的精神故。（除非照相者以艺术的手段处理它。）艺术家的图画、雕刻却又无往而不美，何以故？以其能从艺术家自心的精神，以表现自然的精神，使艺术的创作，如自然的创作故。

什么叫作美？……"自然"是美的，这是事实。诸君若不相信，只要走出诸君的书室，仰看那檐头金黄色的秋叶在光波中颤动；或是来到池边柳树下俯看那白云青天在水波中荡漾，包管你有一种说不出的快感。这种感觉就叫作"美"。我前几天在此地斯蒂丹博物院里徘徊了一天，看了许多荷兰画家的名画，以为最美的当莫过于大艺术家的图画、雕刻了，哪晓得今天早晨起来走到附近绿堡森林中去看日出，忽然觉得自然的美终不是一切艺术所能完全达到的。你看空中的光、色，那花草的动，云水的波澜，有什么艺术家能够完全表现得出？所以自然始终是一切美的源泉，是一切艺术的范本。艺术最后的目的，不外乎将这种瞬息变化、起灭无常的"自然美的印象"，借着图画、雕刻的作用，扣留下来，使它普遍化、永久化。什么叫作普遍化、永久化？这就是说一幅自然美的好景往往在深山丛林中，不是人人能享受的；并且瞬息变动、起灭无常，不是人时时能享受的（……"夕阳无限好，只是近黄昏"……）。艺术的功用就是将它描摹下来，使人人可以普遍地、时时地享受。艺术的目的就在于此，而美的真泉仍在自然。

那么，一定有人要说我是艺术派中的什么"自然主义""印象主义"了。这一层我还有申说。普通所谓自然主义是刻画自然的表面，入于细微。那么能够细密而真切地摄取自然印象莫过于照相片了。然而我们人人知道照片没有图画的美，照片没有艺术的价值。这是什么缘故呢？照片不是自然最真实的摄影么？若是艺术以纯粹描写自然为标准，总要让照片一筹，而照片又确是没有图画的美。难道艺术的目的不是在表现自然的真相么？这个问题很可令人注意。我们再分析一下。

（一）向来的大艺术家如荷兰的伦勃朗、德国的丢勒、法国的罗丹都是承认自然是艺术的标准模范，艺术的目的是表现最真实的自然。他们的艺术创作依了这个理想都成了第一流的艺术品。

（二）照片所摄的自然之影比以上诸公的艺术杰作更加真切、更加细密，但是确没有"美"的价值，更不能与以上诸公的艺术品媲美。

（三）从这两条矛盾的前题得来结论如下：若不是诸大艺术家的艺术观念——以表现自然真相为艺术的最后目的——有根本错误之处，就是照片所摄取的并不是真实自然。而艺术家所表现的自然，方是真实的自然！

果然！诸大艺术家的艺术观念并不错误。照片所摄非自然之真。唯有艺术才能真实表现自然。

诸君听了此话，一定有点惊诧，怎么照片还不及图画的真实呢？

罗丹说："果然！照片说谎，而艺术真实。"这话含意深厚，非解释不可。请听我慢慢说来。

我们知道"自然"是无时无处不在"动"中的。物即是动，动即是物，不能分离。这种"动象"，积微成著，瞬息变化，不可捉摸。能捉摸者，已非是动；非是动者，即非自然。照相片于物象转变之中，摄取一角，强动象以为静象，已非物之真相了。况且动者是生命之表示，精神的作用；描写动者，即是表现生命，描写精神。自然万象无不在"活动"中，即是无不在"精神"中，无不在"生命"中。艺术家要想借图画、雕刻等以表现自然之真，当然要能表现动象，才能表现精神、表现生命。这种"动象的表现"，是艺术最后目的，也就是艺术与照片根本不同之处了。

艺术能表现"动"，照片不能表现"动"。"动"是自然的"真相"，所以罗丹说："照片说谎，而艺术真实。"

但是艺术是否能表现"动"呢？艺术怎样能表现"动"呢？关于第一个问题要我们的直接经验来解决。我们拿一张照片和一张名画来比看。我们就觉得照片中风景虽逼真，但是木板板的没有生动之气，不同我们当时所直接看见的自然真境有生命，有活动；我们再看那张名画中景致，虽不能将自然中光气云色完全表现出来，但我们已经感觉它里面山水、人物栩栩如生，仿佛如入真境了。我们再拿一张照片摄的《行步的人》和罗丹雕刻的《行步的人》一比较，就觉得照片中人提起了一只脚，而凝住不动，好像麻木了一样；而罗丹的石刻确是在那里走动，仿佛要姗姗而去了。这种"动象的表现"要诸君亲来罗丹博物院里参观一下，就相信艺术能表现"动"，而照片不能。

那么艺术又怎样会能表现出"动象"呢？这个问题是艺术家的大秘密。我非艺术家，本无从回答；并且各个艺术家的秘密不同。我现在且把罗丹自己的话介绍出来：

罗丹说："你们问我的雕刻怎样会能表现这种'动'象？其实这个秘密很简单。我们要先确定'动'是从一个现状转变到第二个现状。画家与雕刻家之表现'动象'就在能表现出这个现状中间的过程。他要能在雕刻或图画中表示出那第一个现状，于不知不觉中转化入第二现状，使我们观者能在这作品中，同时看见第一现状过去的痕迹和第二现状初生的影子，然后'动象'就俨然在我们的眼前了。"

这是罗丹创造动象的秘密。罗丹认定"动"是宇宙的真相，唯有"动象"可以表示生命，表示精神，表示那自然背后所深藏的不可思议的东西。这是罗丹的世界观，这是罗丹的艺术观。

罗丹自己深入于自然的中心，直感着自然的生命呼吸、理想情绪，晓得自然中的万种形象，千变百化，无不是一个深沉浓挚的大精神……宇宙活力……所表现。这个自然的活力凭借着物质，表现出花，表现出光，表现出云树山水，以至于鸢飞鱼跃、美人英雄。所谓自然的内容，就是一种生命精神的物质表现而已。

艺术家要模仿自然，并不是真去刻画那自然的表面形式，乃是直接去体会自然的精神，感觉那自然凭借物质以表现万象的过程，然后以自己的精神、理想情绪、感觉意志，贯注到物质里面制作万形，使物质而精神化。

"自然"本是个大艺术家，艺术也是个"小自然"。艺术创造的过程，是物质的精神化；自然创造的过程，是精神的物质化；首尾不同，而其结局同为一极真、极美、极善的灵魂和肉体的协调、心物一致的艺术品。

罗丹深明此理，他的雕刻是从形象里面发展，表现出精神生命，不讲求外表形式的光滑美满。但他的雕刻中确没有一条曲线、一块平面而不有所表示生意跃动，神致活泼，如同自然之真。罗丹真可谓能使物质而精神化了。

罗丹的雕刻最喜欢表现人类的各种情感动作，因为情感动作是人性最真切的表示。罗丹和古希腊雕刻的区别也就在此。希腊雕刻注重形式的美，讲求表面的美，讲求表面的完满工整，这是理性的表现。罗丹的雕刻注重内容的表示，讲求精神的活泼跃动。所以希腊的雕刻可称为"自然的几何学"，罗丹的雕刻可称为"自然的心理学"。

自然无往而不美。普通人所谓丑的如老妪病骸，在艺术家眼中无不是美，因为也是自然的一种表现。果然！这种奇丑怪状只要一从艺术家手腕下经过，立刻就变成了极可爱的美术品了。艺术家是无往而非"美"的创造者，只要他能真把自然表现了。

所以罗丹的雕刻无所选择，有奇丑的姆母，有愁惨的人生，有笑，有哭，有至高纯洁的理想，有人类根性中的兽欲。他眼中所看的无不是美，他雕刻出了，果然是美。

他说："艺术家只要写出他所看见的就是了，不必多求。"这话含有至理。我们要晓得艺术家眼光中所看见的世界和普通人的不同。他的眼光要深刻些，要精密些。他看见的不止是自然人生的表面，乃是自然人生的核心。他感觉自然和人生的现象是含有意义的，是有表示的。你看一个人的面目，他的表示何其多。他表示了年龄、经验、嗜好、品行、性质，以及当时的情感思想。一言蔽之，一个人的面目中，藏蕴着一个人过去的生命史和一个时代文化的潮流。这种人生界和自然界精神方面的表现，非艺术家深刻的眼光，不能看得十分真切。但艺术家不单是能看出人类和动物界处处有精神的表示。他看了一枝花、一块石、一湾泉水，都是在那里表现一段诗魂。能将这种灵肉一致的自然现象和人生现象描写出来，自然是生意跃动，神采奕奕，仿佛如"自然"之真了。

罗丹眼光精明，他看见这宇宙虽然物品繁富，仪态万千，但综而观之，是一幅意志的图画。他看见这人生虽然波澜起伏、曲折多端，但合而观之，是一曲情绪的音乐。情绪意志是自然之真，表现而为动。所以动者是精神的美，静者是物质的美。世上没有完全静的物质，所以罗丹写动而不写静。

罗丹的雕刻不单是表现人类普遍精神（如喜、怒、哀、乐、爱、恶、欲），他同时注意时代精神。他晓得一个伟大的时代必须有伟大的艺术品，将时代精神表现出来遗传后世。他于是搜寻现代的时代精神究竟在哪里？他在这19、20世纪潮流复杂思想矛盾的时代中，搜寻出几种基本精神：（1）劳动。19、20世纪是劳动神圣时代。劳动是一切问题的中心。于是罗丹创造《劳动塔》（未成）。（2）精神劳动。19、20世纪科学工业发达，是精神劳动极昌盛时代，不可不特别表示，于是罗丹创造《思想的人》和《巴尔扎克夜起著文之像》。（3）恋爱。精神的与肉体的恋爱，是现时代人类主要的冲动。于是罗丹在许多雕刻中表现之（接吻）。

我对于罗丹观察要完了。罗丹一生工作不息，创作繁富。他是个真理的搜寻者，他是个美乡的醉梦者，他是个精神和肉体的劳动者。他生于1840年，死于近年。生时受人攻击非难，如一切伟大的天才那样。

形与影
——罗丹作品学习札记

明朝画家徐文长曾题夏圭的山水画说:"观夏圭此画,苍洁旷迥,令人舍形而悦影!"

舍形而悦影,这往往会叫我们离开真实,追逐幻影,脱离实际,耽爱梦想,但古来不少诗人画家偏偏喜爱"舍形而悦影"。徐文长自己画的"驴背吟诗"(现藏故宫)就是用水墨写出人物与树的影子,甚至用扭曲的线纹画驴的四蹄,不写实,却令人感到驴从容前驰的节奏,仿佛听到蹄声滴答,使这画面更加生动而有音乐感。

中国古代诗人、画家为了表达万物的动态,刻画真实的生命和气韵,就采取虚实结合的方法,通过"离形得似""不似而似"的表现手法来把握事物生命的本质。唐人司空图《诗品》里论诗的"形容"艺术说:"绝伫灵素,少迥清真。如觅水影,如写阳春。风云变态,花草精神。海之波澜,山之嶙峋。俱似大道,妙契同尘。离形得似，庶几斯人。"

离形得似的方法，正在于舍形而悦影。影子虽虚，恰能传神，表达出生命里微妙的、难以模拟的真。这里恰正是生命，是精神，是气韵，是动。《蒙娜丽莎》的微笑不是像影子般飘拂在她的眉睫口吻之间吗？

中国古代画家画竹子不也教人在月夜里摄取竹叶横窗的阴影吗？

法国近代雕刻家罗丹创作的特点正是重视阴影在塑形上的价值。他最爱到哥特式教堂里去观察复杂交错的阴影变化。把这些意象运用到他雕塑的人物形象里，成为他的造型的特殊风格。

我在1920年夏季到达巴黎，罗丹的博物馆开幕不久（罗丹在1917年死前将全部作品赠予法国政府设立博物馆），我去徘徊观摩了多次，深深地被他的艺术形象所感动，觉得这些新创的现实主义与浪漫主义相结合的形象是和古希腊的雕刻境界异曲同工。艺术贵乎创造，罗丹是在深切地研究希腊以后，创造了新的形象来表达他自己的时代精神。

记得我在当时写了一篇《看了罗丹雕刻以后》，里面有一段话留下了我当时对罗丹的理解和欣赏：

他的雕刻是从形象里面发展，表现出精神生命，不讲求外表形式的光滑美满。但他的雕刻中确没有一条曲线、一块平面而不有所表示生意跃动，神致活泼，如同自然之真。罗丹真可谓能使物质而精神化了。

罗丹创造的形象常常往来在我的心中，帮助我理解艺术。前年无意中购得一本德国女音乐家海伦·娜斯蒂兹写的《罗丹在谈话和信札中》（德意志民主共和国出版），文笔清丽，写出罗丹的生活、思想和性情，栩栩如生，使我吟味不已。书中有不少谈艺的隽语，对我们很有启发，也给予美的感受。去年暑假把它译了出来（拙译文见《宗白华美学文学译文选》），公诸同好。从这本小书里，我们可以看到罗丹在巴黎郊外他的梅东别墅里怎样被大自然和艺术包围着，而通过自己的无数的创作表现了他的时代的最内在的精神面貌，也就是文艺复兴以来近代资产阶级趋向没落时期人们生活里的强烈矛盾、他们的追求和幻灭。这本小书可以帮助我们了解罗丹的创作企图和他的艺术意境。

文艺复兴的美学思想

文艺复兴以来近代诸民族里美学思想的发展也同其他意识形态的科学例如法律学、宗教学、伦理学等相类似。它们各个以研究社会上层建筑，即文化中一个规定的区域为对象，想从这种研究里引申出这一文化区域的发展规律来。这些科学在文艺复兴时开始，是复兴着和自由发展着它们从古代（希腊、罗马）继承的遗产。我们至今还没有一个全面叙述文艺复兴时代那些应该注意的美学思想的著作。资产阶级的近代美学史停留在研究那些哲学家的美学体系里面。还没有仔细研究15、16世纪文艺复兴这个伟大艺术的创造时代是怎样和美学思想相伴着，怎样地受了这些美学思想的影响。这些美学思想在那时自身就是一种"文艺复兴"，他们不但重新研究了亚里士多德的《诗学》，也研究亚氏的后继者流传下来的美学思想，例如在希腊晚期及罗马 Philostratus 时代的西塞罗、荷拉斯、普鲁塔尔格、普罗提诺、菲诺斯特拉图斯（Philostratus）和年代未确定的朗吉驽斯等人著作里所表现的，这里面包含着的审美情调和思想、词句，是更接近着16世纪，超过它们对亚里士多德的继承。尤其是它们里面大大地强调着那创造性的想象力，那产生出非凡的动人的作品的想象力。派加孟祭坛的艺术时代或罗马艺术时代的思想家必然会有着和希腊菲地亚斯、波利克莱特同代人不同的审美观念。他们强调了壮美，艺术中的绘画风格，个性的、生动的表情，（绘画中）眼睛的表现方法，他们继承了希腊晚期哲学家普罗提诺的见解，强调地指出审美现象里想象力的创造作用。朗吉驽斯的《论崇高》就直接启示了文艺复兴艺术活动的方向，他说（35条）："它——指大自然——一开始就在我们的灵魂中植有一种不可抗拒的对于一切伟大事物，一切比我们自己更神圣的事物的渴望。因此，就是整个世界作为人类思想的飞翔领域，还是不够宽广，人的心灵还常常越过整个空间边缘。当我们观察整个生命的领域而见到它处处富于精妙的、堂皇的、美丽的事物时，我们立即知道人生的真正目标是什么……"这一段话不是很好地可以放在文艺复兴的艺术家思想家的口中吗？他又说："总而言之，一切有用的、必需的事物是人们易于获得的。而他们的景仰却是留在惊心动魄的事物里。"16世纪的人的旺盛的生命活力和生命情调，他们对于现实中壮大的、奇异的、非凡的天真爱好（甚至对于粗野的滑稽现象的爱好——朗吉驽斯），密切地结合着他们对于形式美的敏感和古代流传下来的艺术法则。1561年的斯卡列格尔（Scaliger）的诗学与其说是从亚里士多德汲取来的观点，不如说更多的是继承拉丁及希腊晚期的诗学思想。他的理想不再是荷马，而是拉丁诗人维尔吉尔了。

意大利文艺复兴的艺术如建筑是继承着本土的罗马的遗留建筑而向前发展着，雕刻的人像魁伟壮硕，也继承着罗马人雕像的风味，罗马的壮丽代替了希腊的清丽，希腊雕像相形之下一般地显得清瘦些。意大利人在文艺复兴时所追求的、所发现的古代，主要的是罗马，就是在他们本土存在着的、而在中古世纪不被注意的罗马遗迹，但是他们创造性的想象力把罗马的样式演变为意大利的样式了。

现在我们简略地谈一谈意大利文艺复兴的艺术思想和审美观念。

在15世纪中叶有一个拜占庭的希腊学者，名唤君士坦丁·拉斯凯里约（Konstantin Laskario）的，在土耳其人占据拜占庭（1453）以后，逃来意大利，生活到15世纪之末，他要求哲学根本上应成为艺术、诗，像它在希腊初期那样（哲学以长诗的体裁和风味表达出来）。后来的哲学家采取了散文来写出他的思想。他说："他们就从诗的高原坠落下来，像从马背上掉下一样。"哲学是人力所能努力达到的"上帝的模仿"，而上帝是把一切布置在音律和节奏之中，因此，谁追随着上帝的行踪，体会着上帝的创造，就必须也能韵律式地制造形象，哲学家必须做诗人。艺术里的规律性使我体验到散文所永不能把我们带去接近的某一些东西。艺术使不可能的东西说出来。只有它宣讲出最后的和最深的真理。这个思想确是存在文艺复兴时代的大艺术家及大科学家心里的思想。天文科学家哥白尼和开普勒，探究天空秘密时是抱着宇宙的音乐大和谐的理想去考察的。他们深信数学的和谐是反映着宇宙的音乐的和谐的。艺术家却在人的身体构造里来发现这支配整个宇宙的秘密规律，这规律表现了真，也表现着美，真和美是一个东西，在文艺复兴的思想家和艺术家的脑海中是不可分割的。这个美的规律更能具体地表达在他们的伟大建筑里，而建筑的结构规律又是极须合乎自然的力学的，更须是真和美的合一的具体表现。所以文艺复兴的美学观念主要地表现在大建筑家阿柏蒂（Alberti）的著作里。

文艺复兴时代美学最重要的特点之一就是同艺术实践的紧密联系，这不是抽象哲学的美学，而是具体的，旨在解决艺术若干具体问题的美学，从实践要求产生，为艺术实践服务，须从这观点来看文艺复兴时代的美学思想。

达·芬奇说："不借助科学的光实践的人，正像没有罗盘而出航的舵手一样。"阿柏蒂向建筑人们提出那些广泛的要求可以由此理解。建筑家不仅应有较高的天赋、较大的才干，而且应有高深的知识、丰富的经验，尤其应有成熟的精确的判断。

文艺复兴的美学理论充满着各种朝气勃勃的乐观主义的、良好有益的内容。所以美的问题成为人文主义者注意的中心。他们研究热情集中于美、和谐、匀称、优雅上，因为在他们看来，人身上有着不可遏止的进行直观的愿望。阿柏蒂说："尤其是眼睛最贪婪美与和谐，眼睛在寻找美与和谐时显得特别顽强，特别稳定。""我不知道它们为什么喜欢无的东西，而不赞同有的东西，因为它们常常在寻找那些后来补充富丽堂皇、光辉灿烂的东西。当它们从最勤勉聪慧而且善于深思的艺术家那里没发现那应期望的技艺、劳动和努力时而感到委屈。有时，它甚至不能说明什么东西凌辱了它们，只除非它们不能彻底消解对美的渴望。"达·芬奇在他的《论美》一文中也有类似的思想。他告诉艺术家似乎要"'窥伺'自然界和人的美，当它们显露得最充分的那一瞬间来观察他们。""要注意黄昏或别的天时的男子和妇女的脸孔，在他们脸上会看到何等的美好和娇柔来。"

按照阿柏蒂的意见"不赞赏美的事物，不为最美化的东西所倾倒，不因丑而感到耻辱，不拒弃一切无点缀和不完美……的东西之如何可怜、如此落后、如此粗野和不文明的人，是不可能找到的。"

美感是人的一种天性。它"赋予灵魂以认识"，因此阿氏感到难于给美下定义，他说：我们"用感觉来理解美比用话来阐明美更会准确。"但他仍给美下了定义，他说："美是一个整体中的各部分的某种协调与和音，这种协调与和音符合那些要求和谐的严格数目，有限制的规定和布局，即自然界绝对的和第一性的本原。"美建基于事物本身的性质。所以艺术家的任务就在于模仿自然，即"模仿各种艺术形式的优秀匠师（即自然）"。世界就其最深刻的本质说是美的，美就在于它规律中。艺术应当揭示美的这些客观规律，并且遵守这些规律。因此在阿氏看来，一座建筑物似乎是一个活的实体，建造它时必须要模仿自然界（皆见《建筑十书》）。他强调艺术规律的客观性，艺术家应认识这些规律，并制定自己创作的标准和规则。他说：我们的先辈"集合了人类能力所及的那些它

（自然）创造各种事物时所利用的规律，并把这些规律采用到建筑术的规则中来"。人文主义者按照美的客观性和艺术规律的客观性而解决了美学关于艺术对现实的关系这一基本问题。

艺术是现实的再现。醉心于现实的美，是文艺复兴时期人们的共通性。达·芬奇说："如果画家作为鼓舞者而取用别的图画，他的绘画便不会是完美的，如果他到自然界的事物中去学，那么他就会生产出优良的结果来。"他强调艺术的认识意义。"绘画以哲学的精密的思考来观察海洋、陆地、树木、动物、花草等各种形态的全部素质，所有这些都离不开阴影和光线。实际上，绘画就是科学，就是自然的合法女儿，因为它是自然所生的。"画与科学的区别就在它能再现可见世界，即各种对象的色调和轮廓，而科学则能洞察"物体的内部"而忽视"各种形态的素质"，例如几何学，"它就是集中于对事物的数量说明上"。所以，自然界的一切创造物的美就从科学家那里悄悄地滑过去了。艺术的根据和必然就在于此。

但文艺复兴的艺术理论强调艺术的认识意义，重视外部的逼真，尤其重视绘画艺术之能再现自然，研究线条、"透视空间"透视、明暗、色调、影调比例等，进一步研究解剖、数学等以企进入内部。

在《论雕塑》里，阿氏企图确立"一种最崇高的美，这种美是自然赐予许多物体的，在这些物体之间美似被适当地分配了。在这里，我们模仿了那个为克罗多尼人创作神女画的人，在少女美方面，袭用最杰出者的一切。在每个少女身上就形式美方面说最优美的东西，并搬到自己的作品里来。我们也选择了许多按照鉴赏家的判断是最美的形体，从这些形体中，我们加以测量，然后把它们加以相互比较并摈弃对这个或那个方面的偏向，我们就择定了那些为许多量度借……而都相合所证实的中间数值"（《十书》）。

这个标准是以一般或典型的东西为对象。文艺复兴的美学首先是理想的美学，而这理想并不是与现实相对抗的东西。不怀疑美的现实性。现实性与理想性辩证地结合着。人类的和谐发展的无限可能性也不是空想。

资本主义关系萌芽时期那摧毁资产阶级的散文气息的行动还未出现，人们还没有失掉自己活动上的首创精神，那么他们的描写甚至在对它们采取讽刺态度的场合下还充满着正面的伟大（拉伯雷，莎士比亚）。

由此可见，在文艺复兴时的现实主义中包含三结合的因素：（1）对当代问题的深刻了解；（2）描绘细节上的现实主义方法；（3）有意识非现实主义的情节（古代和基督教神话就是许多图画和其他形式的基础）。所有这些也就构成文艺复兴时现实主义特征。他们探讨艺术真实问题时，自发地碰到艺术形象方面一般与单个的辩证法。因而探求理想与现实、真实与虚构之间的平衡、统一。阿氏在《论雕塑》里说："假如，只要我理解得正确的话，在雕塑家那里，掌握相似的方法有两条途径，即一方面，他们所创造的形象，归根到底应该尽可能与活的东西相似，要与人相似，他们是否再造了苏格拉底、柏拉图或其他任何著名的人的形象。这完全不是重要的，而只要他们能使他的作品一般与人相似，尽管是著名的人，他们就可以认为完全够了。另一方面，应该竭力再现和描绘的不仅是一般的人，而且还应是这个人的面貌和整个外表，例如恺撒或伽图或其他任何著名的人，把他们再现为一定的状态——端坐于讲坛上或在人民大会上发表演说。"阿氏进一步又指出若干规则，运用这些规则就可达到上述相互矛盾的目的。阿氏未解决上述的二律背反，他倾向于解决若干纯技巧的问题方面。但是，提出艺术形象的辩证法却是他重大功绩。

马克思说过："唯物主义在它的第一个创始人培根那里，还在朴素的形式下，包含着全面发展的萌芽。物质带着诗意的光辉对人（整个的人）的全身心发出微笑。"这话可用于文艺复兴的艺人的世界观。世界对他们还没有失去色彩，变成几何学的抽象，理性未获得片面发展。而以复合的，有时甚至半玄妙思想的形式而出现，同时还能简单朴素地对现实世界做出真正辩证法的猜测。所有这些，在那时代的现实主义性质和各思想家的美学观点中，也有所表述。

但该时的美学思想里，也有各种流派相对立着，也在时间中变化着。须有专门的研究。尽管如此，那是和艺术实践紧密联系着的现实主义的有具体对象的美学，其重大的缺点，在忽视社会的冲突，不愿研究正在产生的资本主义社会的阴暗面。在这里，具体的艺术实践（尤其文艺）却比较显得有洞察力（莎士比亚，塞万提斯，尤以拉伯雷）。

德国唯理主义的美学

　　在17世纪下半期的艺术和美学思想里发生着一个很大的变化。在上升的君主专制的国家，首先是法国的政治生活里一种理智化的、机器似的经济和行政的管理方式占了上风。在宫廷的礼仪习惯里严守着形式、规则，控制着一切……权威。很明显，这种新美学是和笛卡尔的唯理主义哲学的发展有着连带关系，表示着同一个趋向的。但是这种唯理主义美学在德国哲学家莱布尼茨①（1646—1716）和他的学派里才得到较有系统的和有结果的发展。它的影响一直延长到鲍姆加登、玛耶、奥也莱尔、苏尔撒尔、曼德尔松和莱辛。

　　这个理性主义美学的方法是基于莱布尼茨的对于心理生活里各主要区域的相互关系和精神现象里的因果关系的理解。这种理解是和17世纪的其他哲学家共同的。斯宾诺莎就说过："意志和理智是同

---

① 莱布尼茨的一些重要的美学上的见解，构成德国唯理主义美学的根基。

一物。"莱氏从这里引申出"力、冲动和表象"的深一层的联系。诸表象是单元的心口统一体里内在的行动，心口就是力，从这力里产生的诸冲动过渡到表象，然后过渡到意志过程，一个套一个，像流水一样割不断的。但可惜莱氏的形而上学的单元论又把这不断的流割断为各个互相封闭着的单元了。

此外，发明微分数学的莱氏，从理知上来把割不断的自然过程也在心理界里建立了细微的暧昧不明的诸表象的学说（即下意识的学说）。这样就可以解释心理现象里许多重要过程，而对于美学研究提供了方法。用理性的方法来解释和控制这所谓最"神秘的""难以言说"的审美和艺术创造的心理过程。唯理主义认为一切都能由理性来解决的企图，侵入了美学这个领域。

笛卡尔已经在他的一本论音乐的书里（1618年完成的），提供了一个这种唯理主义美学的原理。这原理使"诗学里的规律"回到更基础的审美的关系里去。按照这原理，那对感性的印象和感官的知觉相联系的愉快，是这样产生的，即是由于分别和联络诸印象时轻而易举。所以我们对感觉印象的审美愉快的根底即是理性，即是感觉诸印象里的合理性、逻辑性。笛卡尔的这个原理从莱氏获得心理学上的理解。他同意法国古典主义者，认为诗的形式的逻辑性，如多中的统一，是我们对它愉快的根源。他通过诸表象的微分式的联络关系，把鉴赏引归到理性（即在似乎非理性的意识之流里见到理性规律）。在直观的感觉世界里潜伏着合理性的规律、秩序、组织。莱氏在一本小书《论幸福》论证了他的美学思想。力、圆满、秩序和美，是密切联合在一起的。"力越大，本质就越高和更自由。""力越大，在那里就更多地表示'多从一来和多在一中'，一控制着外在的多，并在内里形成着。"统一的心口的力量处之把多结合为一，他愈能把大量的多统辖于一里，他就愈圆满。统一性表示在"协和""秩序"里。"一切的美来自秩序，而美唤醒了爱慕。"

对于美的愉快所以就是心理活动力量的加强，也即是按照它内在的规律在多样中创造统一性。因此，一个别的人，一个禽兽，甚至一个无生命的被造物，绘画或艺术品，当它们的形象印进我们的头脑时，也在我们内心里培植和唤醒、提高了的完满的存在以及与此相应合的愉快，然后我们的心情感到一种完满性，这完满性是悟性尚不能把握的，而它却仍然是完全符合着悟性的。

从这里莱氏说明了音乐的审美感。而这个后来被奥也莱尔（Euler）发挥了的学说，正是他的理性主义美学的考验。莱氏说："一切音响着的，包含着一种振动或往来着的运动在它内里。一切音响着的东西，执行着无形象的敲打。如果这些敲打不紊乱而有秩序地进行着并且和某种变化结合在一起，它们就是令人愉快的。"莱氏在节奏的美感里论证这一点，如舞蹈里的规律性的运动，长短音的规律性的连续、押韵等，愉快的原理是一致的。即"按照着尺度的运动具有的愉快感来自秩序。因为一切秩序对心情适合"。这个原理是更适合于解释音乐的美感的。同样的原理也解释了在视觉里对各种正确比例的愉快。对大自然的美感也是如此。莱氏说："每个心灵认识那无限、那全体，但是朦胧不清。我在海边散步时，耳听着海涛声，组成这全部涛声的每个波浪的个别声音也在耳鼓，却不能把它和别的波浪声区别开来，和这一样，我的模糊不清的觉知也是整个宇宙给我的印象的综合。"这种暧昧不清的诸表象和它们的相互联络，表现在我们的情绪里面，从这里面再产生出我们的鉴赏趣味来。我们对宇宙的客观的美与和谐的愉快，即对大自然的美感，也可以从这里来解释。

这是莱氏这位多方面的天才在美学方面所发展的一些思想。他自己没有建立系统的美学。他的后继者鲍姆加登、玛耶等人，在当时英国的经验主义美学推动之下创造了美学的第一个系统。

唯理主义的美学理解"美"作为感性境界里面的逻辑性的东西，艺术作为世界的和谐、秩序在感性形象里的表现。所以最自由的艺术创造也是不自觉地按照客观的规律，这些规律就是"和声学"与"音律学"，这些规律也表现于线纹的支配、形象的构造、建筑里的装饰和一切造型艺术里面的原则。艺术家的审美趣味就是这些规律的总和。而这些规律归根到底是根基于宇宙的合理的秩序。审美和艺术创造是对于宇宙的客观规律，它的和谐与秩序的把握与再现。完满性是它的目标，合理性是它的内容。美即是真，真即是善。真、善、美是一个境界的三面，是浑然一体的东西。"完满性"一词内就含着真、善、美。

莱氏的美学引导到三者的结合，或三者的一致，而康德的美学却是从他的批判□□的体系出发，首先从事于区分三者不同的领域，把三者分别地归纳于知、情、意三种不同的心理机能之下。但

136

美是和谐、秩序、多样中的统一、完满性，这些都是美的形式方面的因素，这些却通过鲍姆加登被康德所片面重视，发展成为他的形式主义的美学。康德的唯心主义过分地强调主观能动力，把完满的形式的组成完全归于主观的创造作用，把它完全收进主观范围之内，割去了它所反映的客观规律、客观秩序的根源。这可以说是从莱氏后退了一步。但这自有他的动机，以后再论。

菜布尼茨继承了和发展了17世纪笛卡尔、斯宾诺莎等人唯理主义的世界观，企图用严整的数学体系来统一世界的认识，达到对于物理世界清楚明朗的完满的理解。但是感官直接所面对的感性的形象界是我们一切认识活动的出发点，这形象界和清楚明朗、论证严明的数理世界比较起来似乎是朦胧、暧昧、不够清晰，莱布尼茨把它列入模糊的表象世界，是"低级的"感性认识。但是这直观的暧昧的感性认识里仍然反映着世界的和谐与秩序，这种认识达到完满的境界时，即完满地映射出世界的和谐、秩序时，这就不但是一种真，也是一种美了。于是关于"感性认识"的科学同时就成了美学。Aesthetica 一字，现在所谓美学，原来就是关于感性认识的科学，莱氏的继承者鲍姆加登不但是把当时一切关于这方面的探究聚拢起来，第一次系统化成为一门新科学，并且给它命名为 Aesthetica，后来人们就沿用这个名字发展了这门新科学——美学，这是鲍姆加登在美学史上的重大贡献。虽然他自己的美学著作还是很粗浅的，规模初具，内容贫乏；他自己对于造型艺术及音乐艺术并无所知，只根据演说学和诗学来谈谈。他在这里是从唯理主义的哲学走到美学，因而建立了美学的科学，美即是真，尽管只是一种模糊的真，因而被收容进入科学系统的大门，并且填补了唯理主义哲学体系的一个漏洞、一个缺陷，那就是感性世界里的逻辑。

同时也配合了当时文艺界古典主义重视各门文艺里的法则、规律的方向，也反映了当时上升的资产阶级反封建、反传统、重视理性、重视自然法（即理性法则）的新兴阶级的意识。而在各门文学艺术里找规律，这至今也正是我们美学的主要任务。

现在略略介绍一下鲍姆加登（1714—1762）美学的大意。

鲍氏在莱氏哲学原理的基础上，结合着当时英国经验主义美学情感论的影响，制造了一个美学体系。^①

（一）鲍氏认为感性认识的完满感性完满地把握了的对象就是美。感觉里本是暧昧、朦胧的观念，所以感觉是低级的认识形式。

（二）完满不外乎多样性中的统一，部分与整体的调和、完善。单个感觉不能构成和谐，所以美的本质是在它的形式里。但它有客观基础，即它反映客观宇宙的完满性。

（三）美既是仅恃感觉上不明了的观念成立的，那么，明了的理论的认识产生时，就可取美而消灭之。

（四）美是和欲求相伴的，美的本身既是完满，它也就是善，善是人们欲求的对象。单纯的印象，如颜色，不是美，美成立于一个多样统一的协调里。多样性才能刺激心理产生愉快。多样性与统

---

① 带着折中主义的印痕。

一性（统一性令人易于把握）是感性的直观认识所必需的，而这里面存在着美的因素。美就是这个形式上的完满，多样中的统一。

再者这个中心概念"完满"可以从另一个角度来看。这就是低级的、感性的、直观的认识和高级的、概念的知识之间的关系和分歧点。在感性的、直观的认识里我们直接面对事物的形象，而在清晰的概念的思维中，亦即象征性质（通过文字）的思维中，我们直接的对象是字，概念更多过于具体的事物形象。审美的直观的思想是直接面对事物而少和符号交涉的，因此，它就和情绪较为接近。因人的情绪是直接系着于具体事物的，较少系着于抽象的东西。另一方面概念的认识深透进事物的内容，而直接观照的、和情绪相接的对象则更多在物的形式方面，即外表的形象。鉴赏判断不像理性判断以真和美为对象，而是美。而美即是我们直接把握的感性的完美的境界，即多样中的统一，亦即形式。艺术家创造这种形式，把多样性整理、统一起来，使人一目了然，容易把握，引起人的情绪上的愉快，即审美的愉快。艺术作品的直观性和易把握性或"思想的活泼性"，照鲍姆加登的后继者玛耶（G.E.Meyen）说是"审美的光亮"。假使感性的清晰达到最高峰时，就诞生"审美的灿烂"，而这个却不是必须企求到的。

鲍氏美学总结地说来，就是：（一）因一切美是感性里表现的完满，而这完满即是多样中的统一。所以美存在于形式。（二）一切的美作为多样的东西是组成的东西。（三）在组成物之中间是统治着规定的关系，即多样的协调而为一致性的。（四）一切的美仅是对感觉而存在的，而一个清晰的逻辑的分析会取消了（扬弃了）它。（五）没有美不同时和我对它的占有欲结合着，因完满是一好事，不完满是坏事。（六）美的真正目的在于刺激起要求，或因我所要求的只是快适，故美产生着快乐。

鲍氏是沃尔夫（Wolff）的最著名的弟子，康德在他前批判哲学的时期受沃尔夫影响甚大，他把鲍氏看作当时最重要的形而上学者，而且把鲍氏的教课书（逻辑）作为他的课堂讲演的底本，就在他的批判哲学时期也曾如此，虽然他在讲课里批判了鲍氏，反对鲍氏。

鲍氏区分着美学作为感性认识的理论，逻辑作为理性认识的理论，这名词也为康德在他的纯粹理性的批判里所运用，康德区分"先验的逻辑"和"先验的美学"，即"先验的感性理论"。在这章里康德说明着感觉直观里的空间时间的先验本质。我们可以说，康德哲学以为整个世界是现象，本体不可知。这直观的现象世界也正是审美的境界，我们可以说，康德是完全拿审美的观点，即现象地来把握世界的，他是第一个建立了一个完满的资产阶级的美学体系的，而他却把他的美学著作不命名为美学。而把美学这一名词用在他的认识论的著作里，那关于感性认识的阐述的部分，这是很有趣的，也可以见到鲍姆加登的影响。他也继承了鲍氏把美学基于情感的说法，而反对他的完满的感性认识即是美的理论。因康德把认识活动和审美活动划分为意识的两个不同的领域了。他阉割了艺术的认识功用、思想性，而替现代反动美学奠下了基础。他继承了鲍氏的形式主义和情感论而扩张为体系。

英国经验主义的心理分析的美学

美学从意大利文艺复兴传播到法国，在那里建立了唯理主义的美学体系，然后在德国得到了完成。在18世纪的上半期艺术创造和审美思想的条件有了变动，于是英国首先领导了新的美学方向。这里也是首先有了社会秩序的变革，1688年英国资产阶级革命的成功改变了人们的生活情调，也就影响到艺术和美学思想。在这个工业、商业兴盛和资产阶级在政治上获得自由，使独立了的受教育的资产阶级开始自觉它的地位，封建的王侯不再具有绝对的支配人们精神思想的势力。文学里开始表现资产阶级的理想人物和贵族并驾齐驱。在欧洲资产阶级的自由发源地荷兰的17世纪的绘画里，尤其在大画家伦勃朗的油画里直率地表现着现实界的生活力旺盛的各色人物，不再顾到贵族的仪表风度。荷兰的风俗画描绘着单纯的素朴的社会生活情状。在英国的文学里这种新的精神倾向也占了上风，和当时的美学观念、文艺批评联系着。英国的新上升的资产阶级需要一种文学艺术，帮助它培养和教育资产阶级新式的人物、新思想和新道德。美学家阿狄生有一次在伦敦街头看着熙熙攘攘匆匆忙忙的人们感动着说道："这种人大半是过着一种虚假的生活。"他要使他们成为真正的人，这就是不再是通过宗教，而是通过审美和文化教养出来的人。这在文艺复兴以来，在壮丽的、气派华贵的建筑和绘画以外，也为新兴的中产阶级产生了合乎幽静家庭生活的、对人们亲切的风景和人物的油画。对于自然的爱好成为普遍的风气。就像在哲学家斯宾诺莎、莱布尼茨、歇夫斯伯尼的哲学里，自然界从宗教思想束缚里解放出来，成为独立研究的对象一样，绘画里也使大自然成为独立表现的主题，不再是人物的陪衬，如在克劳德·洛伦（法）、鲁夷斯代尔、荷伯玛（荷兰）等人的风景画里，人对自然的感觉愈益亲切，注意到细节，和当时的大科学家蒲封、林勒等人一致。18世纪这种趣味的转变是和许多热烈的美学辩论相伴着。英国流行着报刊里的讨论，法国狄德洛写文章报道着绘画展览。德国莱辛和席勒的戏剧是和无数的辩论的文章交织着，歌德和席勒的通信多半讨论着文艺创作问题。这时一些学院哲学以外的思想家注重各种艺术的感性材料和表现特点的研究，如莱辛的拉奥孔区别文学（史诗）与绘画（雕刻）的界限。想从这里获得各种艺术的发展规律。所以从心理分析来把握审美现象在此时是一条比较踏实的科学的研究美学问题的道路。而这一方面主要是先由英国的哲学家发展着的。

何姆（Home），生于1696年，苏格兰思想界最兴盛时代的学者，他和休谟、丹·斯密斯、莱德、弗兰克林等人结交，是多方面的作家。对于美爱好并具有鉴赏力。1762年开始发表他的《批评的原则》[①]（*Elements of Criticism*），是心理学的美学奠基的著作，一百年后，1876年德国的费希勒尔搜集他自己的论文发表，名为《美学初阶》。在这二书里见到一百年间心理分析的美学的发展。何姆主要的美学著作即是《批评的原则》，是分析美与艺术的著作。这书在当时极被人重视，由于它在分析里和美学概念的规定里的完满。他在这书里表现着一种对美的现象的深刻的鉴赏力，对美的印象能够强烈地和正确地感受。在他以前许多思想家著作里丰富的美学研究，如 Dabos（杜博斯）、Hutcheson（哈奇森）、Hogarth（荷伽兹）、Harris（哈里斯）等人，尤其是 Burke（布尔克）的书，他都研究而吸收到他的著作里来。所以他的美学著作是18世纪里最成熟和完满的一部对于美的分析的研究。莱辛、赫尔德、康德、席勒都曾利用过它。他对席勒启发了审美教育的问题，在莱辛、歌德之先他推重莎士比亚为近代唯一的最伟大的剧作家，而以莎氏作品作为他的美学分析的基础。

何姆的分析是以美的事物给予我们的深刻的丰富印象为对象。他首先见到美的印象所引起的心理活动是单纯依据自然界审美对象或过程的某一规定的性质。审美地把握对象的中心是情感，于是分

---

① 此书 1763 年译成德文。1864 年锉里士堡《学术与政治报》上刊出一书评，可能出自康德之手。见 Schlapp：《康德鉴赏力批判的开始》。

析情感是首要的任务。当时一般思想趋势是注意区分人的情绪与意志，审美的愉快和道德的批判。布尔克已经强调出审美的静观态度和意志动作的区别。何姆从心理学的理解来把审美的愉快归引到最单纯的元素，即无利益感的情绪，亦即从这里产生不出欲求来的。他因此逐渐发展出关于情绪作为心理生活的一个独立区域的学说，后来康德继承了他而把这个学说系统化。康德严格地把情绪作为与认识和意志、欲望区分开来的领域，这在何姆还并没有陷入这种错误观点。不过他也以为一个美丽的建筑或风景唤起我们心中一种无欲求心的静默的欣赏。但他认为我们若想完全理解审美印象性质，就须把一个实际存在的事物所激起的情绪和一个对象仅在"意境"里所激起的情绪（如在绘画或音乐里）区别开来。意境对于现实的关系就像回忆对于所回忆的东西的关系。它（这意境）在绘画里较在文学里强烈些，在舞台的演出里又较绘画里强烈些。何姆发现的这"意境"概念是后来一切关于"美学的假象"学说的根源。不过在何姆这"意境"概念的意义是较为积极的，不像后来的是较为消极性的（即过于重视艺术境界和现实的不同点）。

但这种对美感的心理分析或心理描述引起了一个问题，即审美印象的普遍有效性问题，审美的判断是在怎样的范围内能获得普遍的同意？休谟曾在他的论文里发挥了鉴赏（趣味）标准的概念。这个重要的概念，何姆在他著作里继续发展了。而康德更是从这里建立他的先验的唯心主义的美学。而完全转到主观主义里来的何姆以为，审美的批评之所以可能是因为一定的审美的印象是有规则地顺应着我们心灵的性质和那一定的审美对象的性质相结合着。这是有教养的人在审美判断里获得一般的一致性的根源。把这种审美判断的固定的一致性由心理分析来发现，这就是把审美批判建立成为一门科学了。何姆的著作具有恒久价值的地方就是他的分析发现了大量的审美的元素，即对象和审美印象之间一些固定的关系，即某些审美的情绪如何和个别事物（对象）的某些性质或诸对象之间的某些关系相联系着。例如视觉对象里的感性的美是由于诸颜色组成的印象，形体的规则性和单纯性，以及由于它的各部分之间的协调、正确的比例、内在秩序等。此外，从联想里也赋予对象一种美。何姆区别了对象自身在感性把握里所引起的美和从我们的联想作用所加入对象里的美。康德和费希勒尔在不同方式里都继承了他的分析。他又在实验里研究圆形、正方形、长方形、三角形的审美印象。有趣的是对于他正方形较长方形舒服，而后来费希勒尔却以为长方形较为美，因在长方形里按照金切线的规律短线对长线的比例等于长线对二线之和的比例时是人们最感到舒适的。

此外，何姆也寻找一对象引起壮美印象的因素。他在壮美里见到的是一种完全填满了我们的视觉和注意力的"巨大"同美的诸性质相结合着。根据以下的经验他指出壮美和优美的关系。他说我们走近一锥形的小山时，注意到每一部分，感觉到它的对于规则性和比例的轻微的不合处。假定，这小山大大地放大了，它的规则性不易把握了，它就较一种轻微的壮美感代替了优美印象的地位了。如果山更放大，那么优美感将完全被壮美感所吞没而消失，我们心里

充满了壮美情绪。这些思想是何姆读布尔克美学著作时写下的。他比布尔克更正确地指出了从优美到壮美的过渡阶段，并指出壮美印象的积极性是表现在扩张和提高我们心灵的作用里。何姆这些重要的分析都影响着后来康德美学及其他人的美学研究。我们不多谈了。

现在谈谈布尔克，康德在他的《判断力批判》里直接提到他的前辈美学的地方极少。但却提到了英国思想家布尔克（1729—1797），他著有《关于我们壮美及优美观念来源的哲学研究》（1756），在他之前（1725）有 Hutcheson（哈奇森）的《关于我们的美及品德的观念来源的研究》。

英国的美学家和法国不同，他们对于美，不爱固定的规则而爱令人惊奇的东西，在新奇的刺激以外注意"伟大"的力量，认为"伟大"的力量是不能用理知来把握的。因此艺术的创造和欣赏没有整体的心灵活动和想象力的活动是不行的。

在这思想体系里具有意义和特殊性

的是它倾向于无规则性或想象力的放肆。这方面在布尔克身上加强了。他的美学似乎是将美学上的范畴从"因果论"来解说。美的意识是从一种快感来说明，这快感是和我们的社会冲动，甚至于性冲动联系着的。壮美的感情是产生于对威胁着的危险的不快之感，因而基本上是来自"自存本能"的。这壮美感是由于这危险只存在于想象中作为"假象"。这种心理分析导致一种看法，以为审美里有价值的东西是具着"假象性质"的东西。康德在《判断力批判》里简单地叙述了布尔克的见解，并且赞许着说："作为心理学的注释这些对于我们心意现象的分析是极其优美并且是对于经验的人类学的最可爱的研究提供了丰富的资料。"

康德从他以前的德国唯理主义美学和英国心理分析的美学吸取他的美学理论的源泉，他的美学像他的批判哲学一样，是一个极复杂的难懂的结构。再加上文字句法的晦涩，令人望而生畏，读他的书真不是美的享受。

哲学与艺术
——希腊哲学家的艺术理论

一　形式与心灵表现

艺术有"形式"的结构，如数量的比例（建筑）、色彩的和谐（绘画）、音律的节奏（音乐），使平凡的现实超入美境。但这"形式"里面也同时深深地启示了精神的意义、生命的境界、心灵的幽韵。

艺术家往往倾向以"形式"为艺术的基本，因为他们的使命是将生命表现于形式之中。而哲学家则往往静观领略艺术品里心灵的启示，以精神与生命的表现为艺术的价值。

希腊艺术理论的开始就分这两派不同的倾向。色诺芬（Xenophon）在他的回忆录中记述苏格拉底（Socrates）曾经一次与大雕刻家克莱东（Kleiton）的谈话，后人推测就是指波里克勒

（Polycrate）。当这位大艺术家说出"美"是基于数与量的比例时，这位哲学家就很怀疑地问道："艺术的任务恐怕还是在表现出心灵的内容罢？"苏格拉底又希望从画家帕哈修斯（Parrhasios）知道艺术家用何手段能将这有趣的、窈窕的、温柔的、可爱的心灵神韵表现出来。苏格拉底所重视的是艺术的精神内涵。

但希腊的哲学家未尝没有以艺术家的观点来看这宇宙的。宇宙（Cosmos）这个名词在希腊就包含着"和谐、数量、秩序"等意义。毕达哥拉斯（Pythagoras，希腊大哲）以"数"为宇宙的原理。当他发现音之高度与弦之长度成为整齐的比例时，他将何等的惊奇感动，觉得宇宙的秘密已在他面前呈露：一面是"数"的永久定律，一面即是至美和谐的音乐。弦上的节奏即是那横贯全部宇宙之和谐的象征！美即是数，数即是宇宙的中心结构，艺术家是探乎于宇宙的秘密的！

但音乐不只是数的形式的构造，也同时深深地表现了人类心灵最深最秘处的情调与律动。音乐对于人心的和谐、行为的节奏，极有影响。苏格拉底是个人生哲学者，在他是人生伦理的问题比宇宙本体问题还更重要。所以他看艺术的内容比形式尤为要紧。而西洋美学中形式主义与内容主义的争执，人生艺术与唯美艺术的分歧，已经从此开始。但我们看来，音乐是形式的和谐，也是心灵的律动，一镜的两面是不能分开的。心灵必须表现于形式之中，而形式必须是心灵的节奏，就同大宇宙的秩序定律与生命之流动演进不相违背，而同为一体一样。

二 原始美与艺术创造

艺术不只是和谐的形式与心灵的表现，还有自然景物的描摹。"景""情""形"是艺术的三层结构。毕达哥拉斯以宇宙的本体为纯粹数的秩序，而艺术如音乐是同样地以"数的比例"为基础，因此艺术的地位很高。苏格拉底以艺术有心灵的影响而承认它的人生价值。而大哲柏拉图则因艺术是描摹自然影像而贬斥之。他以为纯粹的美或"原始的美"是居住于纯粹形式的世界，就是万象之永久典范，所谓观念世界。美是属于宇宙本体的。（这一点上与毕达哥拉斯同义。）真、善、美是居住在一处。但它们的处所是超越的、抽象的、纯精神性的。只有从感官世界解脱了的纯洁心灵才能接触它。我们感官所经验的自然现象，是这真实世界的影像。艺术是描摹这些偶然的变幻的影子，它的材料是感官界的物质，它的作用是感官的刺激。所以艺术不仅不能引着我们达到真理，止于至善，且是一种极大的障碍与蒙蔽。它是真理的"走形"，真实的"曲影"。柏拉图根据他这种形而上学的观点贬斥艺术的价值，推崇"原始美"。

我们设若要挽救艺术的价值与地位，也只有证明艺术不是专造幻象以娱人耳目。它反而是宇宙万物真相的阐明、人生意义的启示。证明它所表现的正是世界的真实的形象，然后艺术才有它的庄严、有它的伟大使命。不是市场上贸易肉感的货物，如柏拉图所轻视所排斥的。（柏氏以后的艺术理论是走的这条路。）

三　艺术家在社会上的地位

　　柏拉图这样看轻艺术，贱视艺术家，甚至要把他们排斥于他的理想共和国之外，而柏拉图自己在他的语录文章里却表示了他是一位大诗人，他对于大宇宙的美是极其了解，极热烈地崇拜的。另一方面我们看见希腊的伟大雕刻与建筑确是表现了最崇高、最华贵、最静穆的美与和谐。真是宇宙和谐的象征，并不仅是感官的刺激，如近代的颓废的艺术。而希腊艺术家会遭这位哲学家如此的轻视，恐怕总有深一层的理由罢！第一点，希腊的哲学是世界上最理性的哲学，它是扫开一切传统的神话——希腊的神话是何等优美与伟大——以寻求纯粹论理的客观真理。它发现了物质原子与数量关系是宇宙构造最合理的解释。（数理的自然科学不产生于中国、印度，而产于欧洲，除社会条件外，实基于希腊的唯理主义，它的逻辑与几何。）于是那些以神话传说为题材，替迷信做宣传的艺术与艺术家，自然要被那努力寻求精明智慧的哲学家如柏拉图所厌恶了。真理与迷信是不相容的。第二点，希腊的艺术家在社会上的地位，是被上层阶级所看不起的手工艺者、卖艺糊口的劳动者、丑角、说笑者。他们的艺术虽然被人赞美尊重，而他们自己的人格与生活是被人视为丑恶缺憾的。（戏子在社会上的地位至今还被人轻视。）希腊文豪琉善（Lucian）描写雕刻家的命运说："你纵然是个菲迪亚斯（Phidias）或波里克勒（希腊两位最大的艺术家），创造许多艺术上的奇迹，但欣赏家如果心地明白，必定只赞美你的作品不羡慕做你的同类，因你终是一个贱人、手工艺者、职业的劳动者。"原来希腊统治阶级的人生理想是一种和谐、雍容、不事生产的人格，一切职业的劳动者为专门职业所拘束，不能让人格有各方面圆满和谐的成就。何况艺术家在礼教社会里面被认为是一班无正业的堕落者、颓废者、纵酒好色、佯狂玩世的人。（天才与疯狂也是近代心理学感到兴味的问题。）希腊最大诗人荷马在他的伟大史诗里描绘了一个光彩灿烂的人生与世界。而他的后世却想象他是盲了目的。赫菲斯托斯（Hephaestus）是希腊神们中间的艺术家的祖宗，但却是最丑的神！

艺术与艺术家在社会上为人重视，须经过三种变化：（一）柏拉图的大弟子亚里士多德的哲学给予艺术以较高的地位。他以为艺术的创造是模仿自然的创造。他认为宇宙的演化是由物质走向形式，就像希腊的雕刻家在一块云石里幻现成人体的形式。所以他的宇宙观已经类似艺术家的。（二）人类轻视职业的观念逐渐改变，尤其将艺术家从匠工的地位提高。希腊末期哲学家普罗提诺发现神灵的势力于艺术之中，艺术家的创造若有神助。（三）但直到文艺复兴的时代，艺术家才被人尊重为上等人物。而艺术家也须研究希腊学问、解剖学与透视学。学院的艺术家开始产生，艺术家进大学有如一个学者。

但学院里的艺术家离开了他的自然与社会的环境，忽视了原来的手工艺，却不一定是艺术创作上的幸福。何况学院主义（Academism）往往是没有真生命、真气魄的，往往是形式主义的。真正的艺术生活是要与大自然的造化默契，又要与造化争强的生活。文艺复兴的大艺术家也参加政治的斗争。现实生活的体验才是艺术灵感的源泉。

四　中庸与净化

　　宇宙是无尽的生命、丰富的动力，但它同时也是严整的秩序、圆满的和谐。在这宁静和雅的天地中生活着的人们却在他们的心胸里汹涌着情感的风浪、意欲的波涛。但是人生若欲完成自己，止于完善，实现他的人格，则当以宇宙为模范，求生活中的秩序与和谐。和谐与秩序是宇宙的美，也是人生美的基础。达到这种"美"的道路，在亚里士多德看来就是"执中""中庸"。但是中庸之道并不是庸俗一流，并不是依违两可、苟且的折中。乃是一种不偏不倚的毅力、综合的意志，力求取法乎上、圆满地实现个性中的一切而得和谐。所以中庸是"善的极峰"，而不是善与恶的中间物。大勇是怯弱与狂暴的执中，但它宁愿近于狂暴，不愿近于怯弱。青年人血气方刚，偏于粗暴。老年人过分考虑，偏于退缩。中年力盛时的刚健而温雅方是中庸。它的以前是生命的前奏，它的以后是生命的尾声，此时才是生命丰满的音乐。这个时期的人生才是美的人生，是生命美的所在。希腊人看人生不似近代人看作演进的、发展的、向前追求的、一个戏本中的主角滚在生活的漩涡里，奔赴他的命运。希腊戏本中的主角是个发达在最强盛时期的、轮廓清楚的人格，处在一种生平唯一的伟大动作中。他像一座希腊的雕刻。他是一切都了解，一切都不怕，他已经奋斗过许多死的危险。现在他是态度安详不矜不惧地应付一切。这种刚健清明的美是亚里士多德的美的理想。美是丰富的生命在和谐的形式中。美的人生是极强烈的情操在更强毅的善的意志统率之下。在和谐的秩序里面是极度的紧张，回旋着力量，满而不溢。希腊的雕像、希腊的建筑、希腊的诗歌以至希腊的人生与哲学不都是这样？这才是真正的有力的"古典的美"！

美是调解矛盾以超入和谐，所以美对于人类的情感冲动有"净化"（Katharsis）的作用。一幕悲剧能引着我们走进强烈矛盾的情绪里，使我们在幻境的同情中深深体验日常生活所不易经历到的情境，而剧中英雄因殉情而宁愿趋于毁灭，使我从情感的通俗化中感到超脱解放，重尝人生深刻的意味。全剧的结果，即英雄在挣扎中殉情的毁灭，有如阴霾沉郁后的暴雨淋漓，反使我们痛快地重睹青天朗日。空气干净了，大地新鲜了，我们的心胸从沉重压迫的冲突中恢复了光明愉快的超脱。

亚里士多德的悲剧论从心理经验的立场研究艺术的影响，不能不说是美学理论上的一大进步，虽然他所根据的心理经验是日常的。他能注意到艺术在人生上净化人格的效用，将艺术的地位从柏拉图的轻视中提高，使艺术从此成为美学的主要对象。

五　艺术与模仿自然

一个艺术品里形式的结构，如点、线之神秘的组织，色彩或音韵之奇妙的谐和，与生命情绪的表现交融组合成一个"境界"。

每一座巍峨崇高的建筑里是表现一个"境界"，每一曲悠扬清妙的音乐里也启示一个"境界"。虽然建筑与音乐是抽象的形或音的组合，不含有自然真景的描绘。但图画、雕刻、诗歌、小说、戏剧里的"境界"则往往寄托在景物的幻现里面。模范人体的雕刻，写景如画的荷马史诗是希腊最伟大最中心的艺术创造，所以柏拉图与亚里士多德两位希腊哲学家都说模仿自然是艺术的本质。

但两位对"自然模仿"的解释并不全同，因此对艺术的价值与地位的意见也两样。柏拉图认为人类感官所接触的自然乃是"观念世界"的幻影，艺术又是描摹这幻影世界的幻影，所以在求真理的哲学立场上看来是毫无价值、徒乱人意、刺激肉感。亚里士多德的意见则不同。他看这自然界现象不是幻影，而是一个个生命的形体。所以模仿它、表现它，是种有价值的事，可以增进知识而表示技能。亚里士多德的模仿论确是有他当时经验的基础。希腊的雕刻、绘画，如中国古代的艺术原本是写实的作品。它们生动如真的表现，流传下许多神话传说。米龙（Myron）雕刻的牛，引动了一个活狮子向它跃搏，一只小牛要向它吸乳，一个牛群要随着它走，一位牧童遥望掷石击之，想叫它走开，一个偷儿想顺手牵去。啊，米龙自己也几乎误认它是自己牛群里的一头！

希腊的艺术传说中赞美一件作品大半是这样的口吻。（中国何尝不是这样？）艺术以写物生动如真为贵。再述一个关于画家的传说。有两位大画家竞赛。一位画了一枝葡萄，这样的真实，引起飞鸟来啄它。但另一位走来在画上加绘了一层纱幕盖上，以致前画家

155

回来看见时伸手欲将它揭去。（中国传说中东吴画家曹不兴尝为孙权画屏风，误发笔点素，因就以作蝇，既而进呈御览，孙权以为生蝇，举手弹之。）这种写幻如真的技术是当时艺术所推重。亚里士多德根据这种事实说艺术是模仿自然，也不足怪了。何况人类本有模仿冲动，而难能可贵的写实技术也是使人惊奇爱慕的呢。

但亚里士多德的学说不以此篇为满足。他不仅是研究"怎样的模仿"，他还要研究模仿的对象。艺术可就三方面来观察：（一）艺术品制作的材料，如木、石、音、字等；（二）艺术表现的方式，即如何描写模仿；（三）艺术描写的对象。但艺术的理想当然是用最适当的材料，在最适当的方式中，描摹最美的对象。所以艺术的过程终归是形式化，是一种造型。就是大自然的万物也是由物质材料创造千形万态的生命形体。艺术的创造是"模仿自然创造的过程"（即物质的形式化）。艺术家是个小造物主，艺术品是个小宇宙。它的内部是真理，就同宇宙的内部是真理一样。所以亚里士多德有一句很奇异的话："诗是比历史更哲学的。"这就是说诗歌比历史学的记载更近于真理。因为诗是表现人生普遍的情绪与意义，史是记述个别的事实；诗所描述的是人生情理中的必然性，历史是叙述时空中事态的偶然性。文艺的事是要能在一件人生个别的姿态行动中，深深地表露出人心的普遍定律。（比心理学更深一层更为真实的启示。莎士比亚是最大的人心认识者。）艺术的模仿不是徘徊于自然的外表，乃是深深透入真实的必然性。所以艺术最邻近于哲学，它是达到真理表现真理的另一道路，它使真理披了一件美丽的外衣。

艺术家对于人生对于宇宙因有着最虔诚的"爱"与"敬"，从情感的体验发现真理与价值，如古代大宗教家、大哲学家一样，而与近代由于应付自然，利用自然，而研究分析自然之科学知识根本不同。一则以庄严敬爱为基础，一则以权力意志为基础。柏拉图虽阐明真知由"爱"而获证入！但未注意伟大的艺术是在感官直觉的现量境中领悟人生与宇宙的真境，再借感觉界的对象表现这种真实。但感觉的境界欲作真理的启示须经过"形式"的组织，否则是一堆零乱无系统的印象。（科学知识亦复如是。）艺术的境界是感官的，也是形式的。形式的初步是"复杂中的统一"。所以亚里士多德已经谈到这个问题。艺术是感官对象。但普通的日常实际生活中感觉的对象是一个个与人发生交涉的物体，是刺激人欲望心的物体。然而艺术是要人静观领略，不生欲心的。所以艺术品须能超脱实用关系之上，自成一形式的境界，自织成一个超然自在的有机体。如一曲音乐缥缈于空际，不落尘网。这个艺术的有机体对外是一独立的"统一形式"，在内是"力的回旋"，丰富复杂的生命表现。于是艺术在人生中自成一世界，自有其组织与启示，与科学哲学等并立而无愧。

六　艺术与艺术家

　　艺术与艺术家在人生与宇宙的地位因亚里士多德的学说而提高了。菲迪亚斯雕刻宙斯（Zeus）神像，是由心灵里创造理想的神境，不是模仿刻画一个自然的物像。艺术之创造是艺术家由情绪的全人格中发现超越的真理真境，然后在艺术的神奇的形式中表现这种真实。不是追逐幻影，娱人耳目。这个思想是自圣奥古斯丁（Aurelius Augustinus）、费奇诺（Marsilio Ficinus）、布鲁诺（Giordano Bruno）、莎夫茨伯利（Shaftesbury）、温克尔曼（Johann Winckelmann）等以来认为近代美学上共同的见解了。但柏拉图轻视艺术的理论，在希腊的思想界确有权威。希腊末期的哲学家普罗提诺就是徘徊在这两种不同的见解中间。他也像柏拉图以为真、美是绝对地、超越地存在于无迹的真界中，艺术家须能超拔自己观照到这超越形象的真、美，然后才能在个别的具体的艺术作品中表现得真、美的幻影。艺术与这真、美境界是隔离得很远的。真、美，譬如光线；艺术，譬如物体，距光愈远得光愈少。所以大艺术家最高的境界是他直接在宇宙中观照得超形象的美。这时他才是真正的艺术家，尽管他不创造艺术品。他所创造的艺术不过是这真、美境界的余辉映影而已。所以我们欣赏艺术的目的也就是从这艺术品的兴感渡入真、美的观照。艺术品仅是一座桥梁，而大艺术家自己固无需乎此。宇宙"真、美"的音乐直接趋赴他的心灵。因为他的心灵是美的。普罗提诺说："没有眼睛能看见日光，假使它不是日光性的。没有心灵能看见美，假使他自己不是美的。你若想观照神与美，先要你自己似神而美。"

辑二

春来草自青

道家与古代时空意识

　　我对于古代时空意识的注意在新中国成立前也曾转到道家老子、庄子的著作里。老子、庄子都是战国楚人，楚国大诗人屈原在《远游》里有几句诗说："道可受兮而不可传，其小无内兮，其大无垠，毋滑而魂兮，彼将自然。"荀子说："老子有见于诎（屈）无见于信（伸）。"（《荀子·非十二子》）我觉得老子、庄子和儒家《周易》里的思想相比较，他们较为倾向于"空间"意识，而缺乏《周易》里"时空统一体"的积极性、创造性、现实性，这是和农民的生产劳动相结合，反映农业生产的宇宙意识的。老、庄是脱离了生产实践的知识分子而对宇宙（空间、时间及动力）做静观的冥想。但是他二人虽同是道家，却有显著的不同之点。老子是从观察"其小无类"的空间出发："虚"、"无"、"奥"、"谷"、"门"、"牝"（虚处）、"希"、"夷"、"微"、"玄"、"几"、"橐籥"、"盅（杯子）"、"容"、"玄牝之门"、"朴虽小，天下莫能臣"、"朴虽小，天下莫能破"、"常"（空间的永恒的静）。老子曾说"见小曰明"，又说"知常曰明"，他所要见要知要明的是"小"，是"常"。从小的永恒的"空虚"，他见到宇宙的"道"，也由这里引申出人生的"道"。庄子说他是以"虚空不毁万物为实"，这就是拿万物在它里面活动而无损于它也无损于物的空间作为世界的实体。老子说："不出于户，以知天下；不窥于牖，以知天道。其出也弥远，其知弥少。"老子从室内空间的观察，悟到宇宙的道理。所以他说"凿户牖以为室，当其无，有室之用"，以此推见到"三十辐同一毂，当其无，有车之用；埏埴以为器，当其无，有器之用"。他说"道盅（盅，器虚也，就是一个杯子的空虚处）而用之或不盈，渊兮似万物之宗。"他说："天地之间，其犹橐籥乎？虚而不屈，动而愈出。"我们看见一个沉思冥想的哲学家随时随地见到各项器皿里"虚空"的主要作用，如车轮上的毂，街上铜铁匠用的风箱，饮水的杯子，居住的房间，他发现"虚空"是器成其为器的原理。这个"虚空"，他把它提高到形而上的"道"，用来说明形而下的"器"。他于是要"致虚极，守静笃，万物并作，吾以观其复"。他在不毁万物的"虚空"里观察万物的来往、成毁，而认定这"空间"是"常"，是万物的根源。他说："谷神不死（谷神即虚空的原理），是谓玄牝；玄牝之门是谓天地之根。绵绵若存，用之不勤。"这"虚空"已不复是散在各器里的虚空，而是提高到形而上的创造万物的"道"了。他说："道者，万物之奥。""奥"是堂屋角落里的空间，放置东西的所在。

空间的性质是闭、是阴、是静、是定，老子从这里引申出他的人生态度：守（"守静笃"，"守其毋"），容，公，虚，啬，弱，柔，朴，抱一，雌，反，复，损，归，深，长久，同，和，素，正，等等。他形容这道体"虚空"的词语是：窈冥，恍惚，黑，混，奥，寂寞，雌，玄同，阴，母，微，希，夷等。庄子曾说"老子曰：'吾游心于物之初'"，这"物之初"正是这不毁万物的"虚空"。这是他的心所游的，我们在《老子》五千言里处处见到这种表现。但是这个"游"字，我们在《老子》书内找不到（而"归"字、"反"字、"守"字却常见），而《庄子》书这"游"字却泄露了庄子的秘密。而且他所说的"老子以虚空不毁万物为实"这句话更适合于他自己的"虚空"观念，因为这里正是"大而无垠"的、包罗万物的虚空，并不是老子的"凿户牖以为室""橐籥""三十辐同一毂"里的刚巧"其小无类"的虚空。

庄子在《天下》篇里自叙说："独与天地精神往来而不敖倪于万物（这就是"虚空不毁万物"）……彼其充实不可以已，上与造物者游，而下与外死生无终始者为友，其于本也，宏大而辟，深闳而肆……"这和老子在他的精神自画像里那孤独寂寞的思想家正相反："荒兮其未央哉！众人熙熙，如享太牢，如春登台。我独泊兮其未兆，如婴儿之未孩。儽儽兮若无所归。众人皆有余，而我独若遗。我愚人之心也哉！沌沌兮！俗人昭昭，我独昏昏；俗人察察，我独闷闷。澹兮其若海，飂兮若无止。众人皆有以，而我独顽似鄙，我独异于人，而贵食母。"

《庄子》书里最喜欢拿"游"字来表达他的思想境界。他的"内篇"第一篇就名为《逍遥游》。他遨游于"大而无垠"的空间。他说："若夫乘天地之正，而御六气之辩，以游无穷者，彼且恶乎待哉！"他最欢喜讲："莫知其所穷。"他说他自己"体尽无穷而游无朕"。他说："吾已往来焉而不知其所终，彷徨乎冯闳（郭注："冯闳，虚廓之谓。"），大知（即智者）入焉而不知其所穷。物物者与物无际，而物有际者，所谓物际者也。不际之际，际之不际者也（即见于物际仍是不际，即于物中见到无穷）。"

　　庄子的空间意识是"深闳而肆"的，它就是无穷广大、无穷深远而伸展不止、流动不息的。这是和老子的"致虚极，守静笃"正相反的。大诗人李白在他的诗篇里发挥了庄子这个境界。中国许多画家的空间意识也表现着这个境界。明朝画家周臣的杰作《北溟图》辉煌地写出了庄生逍遥游里的"北溟"。

　　不过庄子也有承继老子处，他说："瞻彼阕者，虚室生白。"这是在室内的虚空里体悟到道，正和老子"不出于户，以知天下；不窥于牖，以知天道"相似。然而二人一"游"一"守"，终竟是不同的。

　　以上是我对中国古代艺术家和思想家的遗产里所表现的"时间空间"意识做了一些主观的、直觉的猜测，为了纪念四十周年的"五四"，不怕丑地写了出来，提供同志们批评。

中西戏剧比较及其他

对戏曲没有研究。参加了这两次会，听了许多同志的发言，启发很大。同志们谈的这些东西，对研究美学，尤其是研究中国美学很有好处。美学研究应该结合艺术进行，对各种艺术现象，应做比较研究。

有同志说，剧团到农村演出，群众要看布景，没布景不买票。我所了解，农村的舞台，为了便利演出，都是很简便的，我怀疑它能配合用布景。布景的问题存在很久了，从宋元到现在。看戏的人很多，他们没有提出过看布景的要求，他们要求的是表演。中国戏曲是以表演为主的。前几天看了豫剧《抬花轿》，表演得很好，抬和坐，动作都是虚拟的。抬着过桥，真给人以过桥的感觉。但是在台上并没有给人看到真实的轿子。只要表演得逼真，观众并不要求有一个真的轿子。西洋戏剧是主张用布景的，易卜生就很注意用景。中国戏曲景与情全由演员来表演。《秋江》中，情与景是高度交融的。西洋戏剧也是希望达到这一点的。

中国戏曲传统舞台美术的发展，是有客观原因的。中国古代在农村经常演戏，舞台都是木板架起来的，很简便。在那样的台上做布景不可能。所以，演员就想一切办法把自己突出出来。书上记载：埃斯库勒斯的戏，人物也是宽袍大袖。鬼的面上也涂颜色，或戴假面具。这和中国戏曲是相似的。过去的条件差，促使产生了好东西。现在所以产生问题，原因在于时代不同了，条件起了变化。

萧伯纳的剧本，序文都很长，为了说明戏文。问题戏，着重思想。中国戏曲，着重感动人，动作强烈，能使人哭，亦能使人笑。文艺复兴以后，西洋讲究透视学，舞台也要求透视。先有布景，后有人物。中国戏曲不同，人物出场，手拿马鞭就说明是骑马出来了。是两种不同的境界。中国古代也戴假面具。四川出土的汉俑，两个人做吵嘴状，一男一女，男的面上有面具。据我推测，可能后来因为用面具不方便，就干脆画到了脸上，产生了脸谱。

有同志说，中国戏曲舞台美术的特点是，能动就好。这话很对。中国戏曲和中国画有很多相同的地方。中国画从战国到现在，发展了几千年，它的特点就是气韵生动。站在最高位，一切服从动，可以说，没有动就没有中国戏，没有动也没有中国画。动是中心。西洋舞台上的动，局限于固定的空间。中国戏曲的空间随动产生，随动发展。"十八相送"十八个景，都是由动作表现出来的。中国广大群众是否都要求布景，需要进行分析。要布景，是为了看热闹，看多了会转过来看表演的。群众要求不平衡，层次复杂，应该看主要的倾向。

关于空间问题，中国画和西洋画在处理上是不同的。古代画家、科学家都提出过问题。科学家沈括在他的《梦溪笔谈》中，在艺术上的要求与西洋画就不同。西洋画要求写实，他不要求写实，相反他反对写实。他批评写实的画不是画。戏曲舞台也是如此。不能太实。清代学者华琳，他有很多好见解。他指出：如果人不出现，放上门窗等实物，这叫离。离，物与物之间是独立的，自成片状。不是画。画，要合，要气韵生动。完全合，也不行，完全合，打成一片，一塌糊涂，也不是画。中国画是似离似合。只离而不合，不是艺术品，只合而不离也不是艺术品。中国画画面空间是怎样表现出来的？他用了一个"推"字。"推"能产生无穷的空间。在舞台上，演员一推，产生了门，又产生了门内门外两个空间。画家是用笔推的。齐白石的虾，只在白纸上画几个虾，但能给人它们是在水中的感觉。

在生活中，看到一片好风景时，说"江山如画"，真山水希望它是假山水，看一幅画，又常常要求它逼真，假山水希望它是真山水。所谓美，就是"如画"和"逼真"。中国戏曲就是既逼真又如画的。它掌握艺术规律是很深的。当然也有局限性。戏曲以表演为主，演员表演好是第一。群众并不要求西洋式的布景。目前部分群众有这种要求，这不会是永恒的，是会改变的。

中国古代的音乐寓言与音乐思想

寓言，是有所寄托之言。《史记》上说："庄周著书十余万言，大抵率寓言也。"庄周书里随处都见到用故事、神话来说出他的思想和理解。我这里所说的寓言包括神话、传说、故事。音乐是人类最亲密的东西，人有口有喉，自己会吹奏歌唱；有手可以敲打、弹拨乐器；有身体动作可以舞蹈。音乐这门艺术可以备于人的一身，无待外求。所以在人群生活中发展得最早，在生活里的势力和影响也最大。诗、歌、舞及拟容动作，戏剧表演，极早时就结合在一起。但是对我们最亲密的东西并不就是最被认识和理解的东西，所谓"百姓日用而不知"。所以古代人民对音乐这一现象感到神奇，对它半理解半不理解。尤其是人们在很早就在弦上管上发现音乐规律里的数的比例，那样严整，叫人惊奇。中国人早就把律、度、量、衡结合，从时间性的音律来规定空间性的度量，又从音律来测量气候，把音律和时间中的历结合起来（甚至于凭音来测地下的深度，见《管子》)。太史公在《史记》里说："阴阳之施化，万物之终始，既类旅于律吕，又经历于日辰，而变化之情可见矣。"变化之情除数学的测定外，还可从律吕来把握。

希腊哲学家毕达哥拉斯发现琴弦上的长短和音高成数的比例，他见到我们情感体验里最深秘难传的东西——音乐，竟和我们脑筋里把握得最清晰的数学有着奇异的结合，觉得自己是窥见宇宙的秘密了。后来西方科学就凭数学这把钥匙来启开大自然这把锁，音乐却又是直接地把宇宙的数理秩序诉之于情感世界，音乐的神秘性是加深了，不是减弱了。

音乐在人类生活及意识里这样广泛而深刻的影响，就在古代以及后来产生了许多美丽的音乐神话、故事传说。哲学家也用音乐的寓言来寄寓他的最深难表的思想，像庄子。欧洲古代，尤其是近代浪漫派思想家、文学家爱好音乐，也用音乐故事来表白他们的思想，像德国文人蒂克的小说。

我今天就是想谈谈音乐故事、神话、传说，这里面寄寓着古人对音乐的理解和思想。我综合地称它们作音乐寓言。太史公在《史记》上说庄子书中大抵是寓言，庄子用丰富、活泼、生动、微妙的寓言表白他的思想，有一段很重要的音乐寓言，我也要谈到。

先谈谈音乐是什么。《礼记》里《乐记》上说得好："凡音之起，由人心生也。人心之动，物使之然也。感于物而动，故形于声。声相应，故生变，变成方，谓之音。比音而乐之，及干戚羽旄，谓之乐。"

构成音乐的音，不是一般的嘈声、响声，乃是"声相应，故生变，变成方，谓之音"。是由一般声里提出来的，能和"声相应"，能"变成方"，即参加了乐律里的音。所以《乐记》又说："声成文，谓之音。"乐音是清音，不是凡响。由乐音构成乐曲，成功音乐形象。

这种合于律的音和音组织起来，就是"比音而乐之"，它里面含着节奏、和声、旋律。用节奏、和声、旋律构成的音乐形象，和舞蹈、诗歌结合起来，就在绘画、雕塑、文学等造型艺术以外，拿它独特的形式传达生活的意境，各种情感的起伏节奏。一个堕落的阶级，生活颓废，心灵空虚，也就没有了生活的节奏与和谐。他们的所谓音乐就成了嘈声杂响，创造不出旋律来表现有深度有意义的生命境界。节奏、和声、旋律是音乐的核心，它是形式，也是内容。它是最微妙的创造性的形式，也就启示着最深刻的内容，形式与内容在这里是水乳难分了。音乐这种特殊的表现和它的深厚的感染力使得古代人民不断地探索它的秘密，用神话、传说来寄寓他们对音乐的领悟和理想。我现在先介绍欧洲的两个音乐故事。一个是古代的，一个是近代的。

古代希腊传说着歌者奥尔菲斯的故事说：歌者奥尔菲斯，他是首先给予木石以名号的人，他凭借这名号催眠了它们，使它们像着了魔，解脱了自己，追随他走。他走到一块空旷的地方，弹起他的七弦琴来，这空场上竟涌现出一个市场。音乐演奏完了，旋律和节奏却凝住不散，表现在市场建筑里。市民们在这个由音乐凝成的城市里来往漫步，周旋在永恒的韵律之中。歌德谈到这段神话时，曾经指出人们在罗马彼得大教堂里散步也会有这同样的经验，会觉得自己是游泳在石柱林的乐奏的享受中。所以在19世纪初，德国浪漫派文学家口里流传着一句话说："建筑是凝冻着的音乐。"说这话的第一个人据说是浪漫主义哲学家谢林，歌德认为这是一个美丽的思想。到了19世纪中叶，音乐理论家和作曲家姆尼兹·豪普特曼把这句话倒转过来，他在他的名著《和声与节拍的本性》里称呼音乐是"流动着的建筑"。这话的意思是说音乐虽是在时间里流逝不停地演奏着，但它的内部却具有着极严整的形式，间架和结构，依顺着和声、节奏、旋律的规律，像一座建筑物那样。它里面有着数学的比例。我现在再谈谈近代法国诗人梵乐希写了一本论建筑的书，名叫《优班尼欧斯或论建筑》。这里有一段对话，是叙述一位建筑师和他的朋友费得诺斯在郊原散步时的谈话，他对费说："听呵，费得诺斯，这个小庙，离这里几步路，我替赫尔墨斯建造的，假使你知道，它对我的意义是什么？当过路的人看见它，不外是一个丰姿绰约的小庙——一件小东西，四根石柱在一单纯的体式中——我在它里面却寄寓着我生命里一个光明日子的回忆，啊，甜蜜可爱的变化呀！这个窈窕的小庙宇，没有人想到，它是一个珂玲斯女郎的数学的造像呀！这个我曾幸福地恋爱着的女郎，这小庙是很忠实地复示着她的身体的特殊的比例，它为我活着。我寄寓于它的，它回赐给我。"费得诺斯说："怪不得它有这般不可思议的窈窕呢！人在它里面真能感觉到一个人格的存在，一个女子的奇花初放，一个可爱的人儿的音乐的和谐。它唤醒一个不能达到边缘的回忆。而这个造型的开始——它的完成是你所占有的——已经足够解放心灵同时惊撼着它。倘使我放肆我的想象，我就要，你晓得，把它唤作一阕新婚的歌，里面夹着清亮的笛声，我现在已听到它在我内心里升起来了。"

这寓言里面有三个对象：

（一）一个少女的窈窕的躯体——它的美妙的比例，它的微妙的数学构造。

（二）但这躯体的比例却又是流动着的，是活人的生动的节奏、韵律；它在人们的想象里展开成为一出新婚的歌曲，里面夹着清脆的笛声，闪灼着愉快的亮光。

（三）这少女的躯体，它的数学的结构，在她的爱人的手里却实现成为一座云石的小建筑，一个希腊的小庙宇。这四根石柱由于微妙的数学关系发出音响的清韵，传出少女的幽姿，它的不可模拟的谐和正表达着少女的体态。艺术家把他的梦寐中的爱人永远凝结在这不朽的建筑里，就像印度的夏吉汗为纪念他的美丽的爱妻塔姬建造了那座闻名世界的塔姬后陵墓。这一建筑在月光下展开一个美不可言的幽境，令人仿佛见到夏吉汗的痴爱和那不可再见的美人永远凝结不散，像一出歌。

从梵乐希那个故事里，我们见到音乐和建筑和生活的三角关系。生活的经历是主体，音乐用旋律、和谐、节奏把它提高、深化、概括，建筑又用比例、匀衡、节奏，把它在空间里形象化。

这音乐和建筑里的形式美不是空洞的，而正是最深入地体现出心灵所把握到的对象的本质。就像科学家用高度抽象的数学方程式探索物质的核心那样。"真"和"美"，"具体"和"抽象"，在这里是出于一个源泉，归结到一个成果。

在中国的古代，孔子是个极爱音乐的人，也是最懂得音乐的人。《论语》上说他在齐闻韶，三月不知肉味。曰："不图为乐之至于斯也！"他极简约而精确地说出一个乐曲的构造。《论语·八佾》篇载：子语鲁太师乐曰："乐，其可知也！始作，翕如也。从之，纯如也。皦如也，绎如也。以成。"起始，众音齐奏。展开后，协调着向前演进，音调纯洁。继之，聚精会神，达到高峰，主题突出，音调响亮。最后，收声落调，余音袅袅，情韵不匮，乐曲在意味隽永里完成。这是多么简约而美妙的描述呀！

但是孔子不只是欣赏音乐的形式的美，他更重视音乐的内容的善。《论语·八佾》篇又记载："子谓韶，尽美矣，又尽善也。谓武，尽美矣，未尽善也。"这善不只是表现在古代所谓圣人的德行事功里，也表现在一个初生的婴儿的纯洁的目光里面。西汉刘向的《说苑》里记述一段故事说："孔子至齐郭门外，遇婴儿，其视精，其心正，其行端，孔子曰：'趣驱之，趣驱之，韶乐将作。'"他看见这婴儿的眼睛里天真圣洁，神一般的境界，非常感动，叫他的御者快些走近到他那里去，韶乐将升起了。他把这婴儿的心灵的美比作他素来最爱敬的韶乐，认为这是韶乐所启示的内容。由于音乐能启示这深厚的内容，孔子重视他的教育意义，他不要放郑声，因郑声淫，是太过，太刺激，不够朴质。他是主张文质彬彬的，主张绘事后素，礼同乐是要基于内容的美的。所以《子罕》篇记载他晚年说："吾自卫反鲁，然后乐正，雅颂各得其所。"他的正乐，大概就是将三百篇的诗整理得能上管弦，而且合于韶武雅颂之音。

孔子这样重视音乐，了解音乐，他自己的生活也音乐化了。这就是生活里把"条理"、规律与"活泼的生命情趣"结合起来，就像音乐把音乐形式同情感内容结合起来那样。所以孟子赞扬孔子说："孔子，圣之时者也。孔子之谓集大成。集大成也者，金声而玉振之也。金声也者，始条理也；玉振之也者，终条理也。始条理者，智之事也；终条理者，圣之事也。智，譬则巧也；圣，譬则力也。由射于百步之外也，其至，尔力也；其中，非尔力也。"力与智结合，才有"中"的可能。艺术的创造也是这样。艺术创作的完成，所谓"中"，不是简单的事。"其中，非尔力也"。光有力还不能保证它的必"中"呢！

从我上面所讲的故事和寓言里，我们看见音乐可能表达的三方面。一是形象的和抒情的：一个爱人的躯体的美可以由一个建筑物的数学形象传达出来，而这形象又好像是一曲新婚的歌。二是婴儿的一双眼睛令人感到心灵的天真圣洁，竟会引起孔子认为韶乐将作。三是孔子的丰富的人格是形式与内容的统一，始条理终条理，像一金声而玉振的交响乐。

《乐记》上说："歌者直己而陈德也。动己而天地应焉，四时和焉，星辰理焉，万物育焉。"中国古代人这样尊重歌者，不是和希腊神话里赞颂奥尔菲斯一样吗？但也可以从这里面看出它们的差别来。希腊半岛上城邦人民的意识更着重在城市生活里的秩序和组织，中国的广大平原的农业社会却以天地四时为主要环境，人们的生产劳动是和天地四时的节奏相适应。古人曾说，"同动谓之静"，这就是说，流动中有秩序，音乐里有建筑，动中有静。

希腊从梭龙到柏拉图都曾替城邦立法，着重在齐同划一，中国哲学家却认为"乐者天地之和，礼者天地之序"，"大乐与天地同和，大礼与天地同节"（《乐记》），更倾向着"和而不同"，气象宏廓，这就是更倾向"乐"的和谐与节奏。因而中国古代的音乐思想，从孔子的论乐、荀子的《乐论》到《礼记》里的《乐记》，——《乐记》里什么是公孙尼子的原来的著作，尚待我们研究，但其中却包含着中国古代极为重要的宇宙观念、政教思想和艺术见解。就像我们研究西洋哲学必须理解数学、几何学那样，研究中国古代哲学也要理解中国音乐思想。数学与音乐是中西古代哲学思维里的灵魂呀！（两汉哲学里的音乐思想和嵇康的《声无哀乐论》都极重要。）数理的智慧与音乐的智慧构成哲学智慧。中国在哲学发展里曾经丧失了数学智慧与音乐智慧的结合，堕入庸俗，西方在毕达哥拉斯以后割裂了数学智慧与音乐智慧。数学孕育了自然科学，音乐独立发展为近代交响乐与歌剧，资产阶级的文化显得支离破碎。社会主义将为中国创造数学智慧与音乐智慧的新综合，替人类建立幸福的丰饶的生活和真正的文化。

我们在《乐记》里见到音乐思想与数学思想的密切结合。《乐记》上《乐象》篇里赞美音乐，说它"清明象天，广大象地，终始象四时，周旋象风雨，五色成文而不乱，八风从律而不奸，百度得数而有常。小大相成，终始相生，倡和清浊，迭相为经，故乐行而伦清，耳目聪明，血气和平，移风易俗，天下皆宁"。在这段话里见到音乐能够表象宇宙，内具规律和度数，对人类的精神和社会生活有良好影响，可以满足人们在哲学探讨里追求真、善、美的要求。音乐和度数和道德在源头上是结合着的。《乐记·师乙》篇上说："夫歌者直己而陈德也。动己而天地应焉，四时和焉，星辰理焉，万物育焉。"德的范围很广，文治、武功、人的品德都是音乐所能陈述的德。所以《尚书·舜典》篇上说："帝曰：夔，命汝典乐，教胄子，直而温，宽而栗，刚而无虐，简而无傲。诗言志，歌永言，声依永，律和声，八音克谐，无相夺伦，神人以和。夔曰：于，予击石拊石，百兽率舞。"

关于音乐表现德的形象，《乐记》上记载有关于大武的乐舞的一段，很详细，可以令人想见古代乐舞的"容"，这是表象周武王的武功，里面种种动作，含有戏剧的意味。同戏不同的地方就是乐人演奏时的衣服和舞时动作是一律相同的。这一段的内容是："且夫武，始而北出，再成而灭商，三成而南，四成而南国是疆，五成分，周公左，召公右，六成复缀，以崇天子。夹振之而驷伐，盛威于中国也。分夹而进，事蚤济也。久立于缀，以待诸侯之至也。"郑康成注曰："成，犹奏也，每奏武曲，一终为一成。始奏，象观兵盟津时也。再奏，象克殷时也。三奏，象克殷有余力而反也。四奏，象南方荆蛮之国侵畔者服也。五奏，象周公召公分职而治也。六奏，象兵还振旅也。复缀，反位止也。驷，当为四，声之误也。每奏四伐，一击一刺为一伐。分，犹部曲也。事，犹为也。济，成也。舞者各有部曲之列，又夹振之者，象用兵务于早成也。久立于缀，象武王伐纣待诸侯也。"（见《乐记·宾牟贾》篇）

我们在这里见到舞蹈、戏剧、诗歌和音乐的原始的结合。所以《乐象》篇又说："德者，性之端也。乐者，德之华也。金石丝竹，乐之器也。诗，言其志也。歌，咏其声也。舞，动其容也。三者本于心，然后乐器从之。是故情深而文明，气盛而化神，和顺积中而英华发外，唯乐不可以为伪。"

古代哲学家认识到乐的境界是极为丰富而又高尚的，它是文化的集中和提高的表现。"情深而文明，气盛而化神，和顺积中而英华发外。"这是多么精神饱满、生活力旺盛的民族表现。"乐"的表现人生是"不可以为伪"，就像数学能够表示自然规律里的真那样，音乐表现生活里的真。

我们读到东汉傅毅所写的《舞赋》，它里面有一段细致生动的描绘，不但替我们记录了汉代歌舞的实况，表出这舞蹈的多彩而精妙的艺术性。而最难得的，是他描绘舞蹈里领舞女子的精神高超，意象旷远，就像希腊艺术家塑造的人像往往表现不凡的神境，高贵纯朴，静穆庄丽。但傅毅所塑造的形象却更能艳若春花，清如白鹤，令人感到华美而飘逸。这是在我以上所引述的几种音乐形象之外，另具一格的。我们在这些艺术形象里见到艺术净化人生，提高精神境界的作用。

　　王世襄同志曾把《舞赋》里这一段描绘译成语体文，刊载音乐出版社《民族音乐研究论文集》第一集。傅毅的原文收在《昭明文选》里，可以参看。我现在把译文的一段介绍于下，便于读者欣赏：

　　当舞台之上可以蹬踏出音乐来的鼓已经摆放好了，舞者的心情非常安闲舒适。她将神志寄托在遥远的地方，没有任何的挂碍（原文：舒意自广，游心无垠，远思长想……）。舞蹈开始的时候，舞者忽而俯身向下，忽而仰面向上，忽而跳过来，忽而跳过去。仪态是那样的雍容惆怅，简直难以用具体形象来形容（原文：其始兴也，若俯若仰，若来若往，雍容惆怅，不可为象）。再舞了一会儿，她的舞姿又像要飞起来，又像在行走，又猛然耸立着身子，又忽地要倾斜下来。她不假思索的每一个动作，以至手的一指、眼睛的一瞥，都应着音乐的节拍（原文：其少进也，若翔若行，若竦若倾，兀动赴度，指顾应声）。

　　轻柔的罗衣，随着风飘扬，长长的袖子，不时左右交横，飞舞挥动，络绎不停，宛转萦绕，也合乎曲调的快慢。（原文：罗衣从风，长袖交横，骆驿飞散，飒擖合并。）她的轻而稳的姿势，好像栖歇的燕子，而飞跃时的疾速又像惊弓的鹄鸟。体态美好而柔婉，迅捷而轻盈，姿态真是美好到了极点，同时也显示了胸怀的纯洁。舞者的外貌能够表达内心——神志正在杳冥之处游行（原文：鶣鶡燕居，拉㧙鵠惊。绰约闲靡，机迅体轻，资绝伦之妙态，怀惠素之洁清，修仪操以显志分，独驰思乎杳冥）。当她想到高山的时候，便真峨峨然有高山之势；想到流水的时候，便真洋洋然有流水之情（原文：在山峨峨，在水汤汤）。她的容貌随着内心的变化而改易，所以没有任何一点表情是没有意义而多余的（原文：与志迁化，容不虚生）。乐曲中间有歌词，舞者也能将它充分表达出来，没有使得感叹激昂的情致受到减损。那时她的气概真像浮云般的高逸，她的内心，像秋霜般的皎洁。像这样美妙的舞蹈，使观众都称赞不止，乐师们也自叹不如（原文：明诗表指（同旨），嘳（同喟）息激昂，气若浮云，志若秋霜，观者增叹，诸工莫当）。

　　单人舞毕，接着是数人的鼓舞，她们挨着次序，登上鼓，跳起舞来，她们的容貌服饰和舞蹈技巧，一个赛过一个，意想不到的美妙舞姿也层出不穷，她们望着般鼓则流盼着明媚的眼睛，歌唱时又露出洁白的牙齿，行列和步伐，非常整齐。往来的动作，也都有所象征的内容，忽而回翔，忽而高耸。真仿佛是一群神仙在跳舞，拍着节奏的策板敲个不住，她们的脚趾踏在鼓上，也轻疾而不稍停顿，正在跳得往来悠悠然的时候，倏忽之间，舞蹈突然中止。等到她们回身再开始跳的时候，音乐换成了急促的节拍，舞者在鼓上做出翻腾跪跌种种姿态，灵活委宛的腰肢，能远远地探出，深深地弯下，轻纱做成的衣裳，像蛾子在那里飞扬。跳起来，有如一群鸟，飞聚在一起，慢起来，又非常舒缓，婉转地流动，像云彩在那里飘荡，她们的体态如游龙，袖子像白色的云霓。当舞蹈渐终，乐曲也将要完的时候，她们慢慢地收敛舞容而拜谢，一个个欠着身子，含着笑容，退回到她们原来的行列中去。观众们都说真好看，没有一个不是兴高采烈的（原文不全引了）。

在傅毅这篇《舞赋》里见到汉代的歌舞达到这样美妙而高超的境界。领舞女子的"资绝伦之妙态，怀悫素之洁清，修仪操以显志，独驰思乎杳冥"。她的"舒意自广，游心无垠，远思长想，在山峨峨，在水汤汤，与志迁化，容不虚生，明诗表指，暗息激昂，气若浮云，志若秋霜"。中国古代舞女塑造了这一形象，由傅毅替我们传达下来，它的高超美妙，比起希腊人塑造的女神像来，具有她们的高贵，却比她们更活泼，更华美，更有远神。

欧阳修曾说："闲和严静，趣远之心难形。"晋人就曾主张艺术意境里要有"远神"。陶渊明说："心远地自偏。"这类高逸的境界，我们已在东汉的舞女的身上和她的舞姿里见到。庄子的理想人物：藐姑射神人，绰约若处子，肌肤若冰雪，也体现在元朝倪云林的山水竹石里面。这舞女的神思意态也和魏晋人钟王的书法息息相通。王献之《洛神赋》书法的美不也是"翩若惊鸿，婉若游龙"，"神光离合，乍阴乍阳"，"皎若太阳升朝霞，灼若芙蕖出渌波"吗？（所引皆《洛神赋》中句）我们在这里不但是见到中国哲学思想、绘画及书法思想①和这舞蹈境界密切关联，也可以令人体会到中国古代的美的理想和由这理想所塑造的形象。这是我们的优良传统，就像希腊的神像雕塑永远是欧洲艺术不可企及的范本那样。

关于哲学和音乐的关系，除掉孔子的谈乐，荀子的《乐论》，《礼记》里《乐记》，《吕氏春秋》《淮南子》里论乐诸篇，嵇康的《声无哀乐论》（这文可和德国19世纪汉斯里克的《论音乐的美》做比较研究），还有庄子主张"视乎冥冥，听乎无声，冥冥之中，独见晓焉，无声之中，独闻和焉，故深之又深，而能物焉"（《天地》）。这是领悟宇宙里"无声之乐"，也就是宇宙里最深微的结构型式。在庄子，这最深微的结构和规律也就是他所说的"道"，是动的，变化着的，像音乐那样，"止之于有穷，流之于无止"。这道和音乐的境界是"逐丛生林，乐而无形，布挥而不曳，幽昏而无声，动于无方，居于窈冥……行流散徙，不主常声……充满天地，苞裹六极"（《天运》），这道是一个五音繁会的交响乐。"逐丛生林"，就是在群声齐奏里随着乐曲的发展，涌现繁富的和声。庄子这段文字使我们在古代"大音希声"，淡而无味的，使魏文侯听了昏昏欲睡的古乐而外，还知道有这浪漫精神的音乐。这音乐，代表

----

① 关于中国书法里的美学思想，我写了一文《中国书法里的美学思想》，请参考。书法里的形式美的范畴主要是从空间形象概括的，音乐美的范畴主要是从时间里形象概括的，却可以相通。

着南方的洞庭之野的楚文化，和楚铜器漆器花纹声气相通，和商周文化有对立的形势，所以也和古乐不同。

庄子在《天运》篇里所描述的这一出"黄帝张于洞庭之野的咸池之乐"，却是和孔子所爱的北方的大舜的韶乐有所不同。《书经·舜典》上所赞美的乐是"声依永，律和声，八音克谐，无相夺伦，神人以和"的古乐，听了叫人"心气和平""清明在躬"。而咸池之乐，依照庄子所描写和他所赞叹的，却是叫人"惧""怠""惑""愚"，以达于他所说的"道"。这是和《乐记》里所谈的儒家的音乐理想确正相反，而叫我们联想到19世纪德国乐剧大师华格耐尔晚年精心的创作《巴希法尔》。这出浪漫主义的乐剧是描写阿姆伏塔斯通过"纯愚"巴希法尔才能从苦痛的罪孽的生活里解救出来。浪漫主义是和"惧""怠""惑""愚"有密切的姻缘。所以我觉得《庄子·天运》篇里这段对咸池之乐的描写是极其重要的，它是我们古代浪漫主义思想的代表作，可以和《书经·舜典》里那一段影响深远的音乐思想做比较观，尽管《书经》里这段话不像是尧舜时代的东西，《庄子》里这篇咸池之乐也不能上推到黄帝，两者都是战国时代的思想，但从这两派对立的音乐思想——古典主义的和浪漫主义的——可以见到那时音乐思想的丰富多彩，造诣精微，今天还有钻研的价值。由于它的重要，我现在把《庄子·天运》篇里这段全文引在下面：

北门成问于黄帝曰："帝张咸池之乐于洞庭之野，吾始闻之惧，复闻之怠，卒闻之而惑，荡荡默默，乃不自得。"帝曰："汝殆其然哉！吾奏之以人，徵之以天，行之以礼义，建之以太清。四时迭起，万物循生，一盛一衰，文武伦经，一清一浊，阴阳调和，流光其声，蛰虫始作，吾惊之以雷霆。其卒无尾，其始无首，一死一生，一偾一起，所常无穷，而一不可待。汝故惧也。吾又奏之以阴阳之和，烛之以日月之明，其声能短能长，能柔能刚，变化齐一，不主故常。在谷满谷，在阬满阬。涂郤守神（意谓涂塞心知之孔隙，守凝一之精神），以物为量。其声挥绰，其名高明。是故鬼神守其幽，日月星辰行其纪。吾止之于有穷，流之于无止（意谓流与止一顺其自然也）。子欲虑之而不能知也，望之而不能见也，逐之而不能及也。傥然立于四虚之道，倚于槁梧而吟。必穷乎所欲知，目穷乎所欲见，力屈乎所欲逐，吾既不及，已夫。（按：这正是华格耐尔音乐里"无止境旋律"的境界，浪漫精神的体现。）形充空虚，乃至委蛇，汝委蛇，故怠。（你随着它委蛇而委蛇，不自主动，故怠。）吾又奏之以无怠之声，调之以自然之命。故若混逐丛生（此言重振主体能动性，以便和自然的客观规律相浑合），林乐而无形，布挥而不曳（此言挥霍不已，似曳而未尝曳），幽昏而无声，动于无方，居于窈冥，或谓之死，或谓之生，或谓之实，或谓之荣，行流散徙，不主常声。世疑之，稽于圣人。圣人者，达于情而遂于命也。天机不张而五官皆备，无言而心悦，此之谓天乐。故有焱氏为之颂曰：'听之不闻其声，视之不见其形，充满天地，苞裹六极。'汝欲听之而无接焉，尔故惑也（此言主客合一，心无分别，有如暗惑）。乐也者，始于惧，惧故祟（此言乐未大和，听之悚惧，有如祸祟）。吾又次之以怠，怠故遁（此言遁于忘我之境，泯灭内外）。卒之于惑，惑故愚，愚故道（内外双忘，有如愚迷，符合老庄所说的道。大智若愚也）。道可载而与之俱也（人同音乐偕入于道）。"

老庄谈道，意境不同。老子主张"致虚极，守静笃，万物并作，吾以观其复"。他在狭小的空间里静观物的"归根""复命"。他在三十辐所共的一个毂的小空间里，在一个抟土所成的陶器的小空间里，在"凿户牖以为室"的小空间的天门的开阖里观察到"道"。道就是在这小空间里的出入往复，归根复命。所以他主张守其黑，知其白，不出户，知天下。他认为"五色令人目盲，五音令人耳聋"，他对音乐不感兴趣。庄子却爱逍遥游。他要游于无穷，寓于无境。他的意境是广漠无边的大空间。在这大空间里做逍遥游是空间和时间的合一。而能够传达这个境界的正是他所描写的，在洞庭之野所展开的咸池之乐。所以庄子爱好音乐，并且是弥漫着浪漫精神的音乐，这是战国时代楚文化的优秀传统，也是以后中国音乐文化里高度艺术性的源泉。探讨这一条线的脉络，还是我们的音乐史工作者的课题。

以上我们讲述了中国古代寓言和思想里可以见到的音乐形象，

现在谈谈音乐创作过程和音乐的感受。《乐府古题要解》里解说琴曲《水仙操》的创作经过说："伯牙学琴于成连，三年而成。至于精神寂寞，情之专一，未能得也。成连曰：'吾之学不能移人之情，吾之师有方子春在东海中。'乃赍粮从之，至蓬莱山，留伯牙曰：'吾将迎吾师！'划船而去，旬日不返。伯牙心悲，延颈四望，但闻海水汩没，山林窅冥，群鸟悲号。仰天叹曰：'先生将移我情！'乃援操而作歌云：'繄洞渭兮流澌濩，舟楫逝兮仙不还，移形素兮蓬莱山，欹钦伤宫仙不还。'伯牙遂为天下妙手。"

"移情"就是移易情感，改造精神，在整个人格的改造基础上才能完成艺术的造就，全凭技巧的学习还是不成的。这是一个深刻的见解。

至于艺术的感受，我们试读下面这首诗。唐诗人郎士元《听邻家吹笙》诗云："凤吹声如隔彩霞，不知墙外是谁家。重门深锁无寻处，疑有碧桃千树花。"这是听乐时引起人心里美丽的意象：碧桃千树花。但是这是一般人对于音乐感受的习惯，各人感受不同，主观里涌现出的意象也就可能两样。"知音"的人要深入地把握音乐结构和旋律里所潜伏的意义。主观虚构的意象往往是肤浅的。"志在高山，志在流水"时，作曲家不是模拟流水的声响和高山的形状，而是创造旋律来表达高山流水唤起的情操和深刻的思想。因此，我们在感受音乐艺术中也会使我们的情感移易，受到改造，受到净化、深化和提高的作用。唐诗人常建的《江上琴兴》一诗写出了这净化深化的作用。

江上调玉琴，一弦清一心。泠泠七弦遍，万木澄幽阴。能使江月白，又令江水深。始知梧桐枝，可以徽黄金。

　　琴声使江月加白，江水加深。不是江月的白、江水的深，而是听者意识体验得深和纯净。明人石沆《夜听琵琶》诗云：

　　娉娉少妇未关愁，清夜琵琶上小楼。裂帛一声江月白，碧云飞起四山秋！

　　音响的高亮，令人神思飞动，如碧云四起，感到壮美。这些都是从听乐里得到的感受。它使我们对于事物的感觉增加了深度，增加了纯净。就像我们在科学研究里通过高度的抽象思维，离开了自

然的表面，反而深入到自然的核心，把握到自然现象最内在的数学规律和运动规律那样，音乐领导我们去把握世界生命万千形象里最深的节奏的起伏。庄子说："无声之中，独闻和焉。"所以我们在戏曲里运用音乐的伴奏才更深入地刻画出剧情和动作。希腊的悲剧原来诞生于音乐呀！

音乐使我们心中幻现出自然的形象，因而丰富了音乐感受的内容。画家诗人却由于在自然现象里意识到音乐境界而使自然形象增加了深度。六朝画家宗炳爱游山水，归来后把所见名山画在壁上，"坐卧向之。谓人曰：抚琴动操，欲令众山皆响。"唐初诗人沈佺期有《范山人画山水歌》云：

山峥嵘，水泓澄，漫漫汗汗一笔耕，一草一木栖神明。忽如空中有物，物中有声，复如远道望乡客，梦绕山川身不行。

身不行而能梦绕山川，是由于"空中有物，物中有声"，而这又是由于"一草一木栖神明"，才启示了音乐境界。

这些都是中国古代的音乐思想和音乐意象。

［附言］：1961年12月28日中国音乐家协会约我做了这个报告，现在展写成篇，请读者指教。

186

常人欣赏文艺的形式

　　人类第一流作家的文学或艺术，多半是所谓"雅俗共赏"的。像荷马、莎士比亚及歌德的文艺，拉斐尔的绘画，莫扎特的音乐，李白、杜甫的诗歌，施耐庵、曹雪芹的小说；不但是在文艺价值方面是属于第一流，就在读者及鉴赏者的数量方面也是数一数二的，为其他文艺作品所莫能及。这也就是说，它们具有相当的"通俗性"。不过它们的通俗性并不妨碍它们本身价值的伟大和风格的高尚，境界的深邃和思想的精微。所奇特的就是它们并不拒绝通俗，它们的普遍性、人间性造成它们作为人类的"典型的文艺"（Classical Art）。

　　一切所谓典型的文艺都下意识地有几分适合于一般人，所谓"俗人"或"常人"的文艺欣赏的形式和要求。我们研究常人欣赏文艺的心理形态绝不含有看轻它的意味。反过来说，我们还正想从这里去了解世界第一流典型文艺的特点和构造。

　　但这人间第一流的文艺纵然是同时通俗，构成它们的普遍性和人间性，然而光是这个绝不能使它们成为第一流；它们必同时含藏着一层最深的意义与境界，以待千古的真正的知己。"前不见古人，后不见来者，念天地之悠悠，独怆然而涕下。"每个伟大文人和艺术都不免这孤寂的感觉。

德国现代艺术学者刘兹纳尔氏（Lützler）近著《艺术认识之形式》一书，内容描述"常人欣赏艺术的形式"，"艺术考古学对艺术的态度"，"形式主义的艺术观"，及"形而上学的艺术观"等。分析精深，富有新思想。"常人欣赏艺术的形式"一部分尤为重要。这本是一个很有趣味的问题，我现在抽暇把他的主要思想介绍一下。

所谓"常人"，是指那天真朴素，没有受过艺术教育与理论，却也没有文艺上任何主义及学说的成见的普通人。他们是古今一切文艺的最广大的读者和观众。文艺创作家往往虽看不起他们，但他自己的作品之能传布与保存还靠这无名的大众。

常人的朴素的宇宙观是一切宇宙观的基础，常人的艺术观也是一切艺术观的基本形式。常人的艺术观并不就等于儿童的艺术观。因为儿童中有所谓"神童"，他的艺术禀赋却在一般常人之上，像莫扎特之于音乐。而常人则不限于任何年龄。常人的艺术观也并不就等于所谓"平民的"。因为在社会的及教育的各阶级中都有艺术鉴赏上的"常人"。但常人的立场又不就等于"外行"，它只是一种天真的、自然的、朴质的、健康的，并不一定浅薄的对于文艺鉴赏的口味与态度。

常人在艺术欣赏的"形式"和"对象"方面，都表示一种特殊的立场与范围，这是值得注意而且是很有兴趣的。

在艺术欣赏的过程中，常人在形式方面是"不反省地""无批评地"，这就是说他在欣赏时不了解不注意一件艺术品之为艺术的特殊性。他偏向于艺术所表现的内容，境界与故事，生命的事迹，而不甚了解那创造的表现的"形式"。歌德说过：

> 内容人人看得见，涵义只有有心人得之，形式对于大多数人是一秘密。

至于常人所欣赏的对象的范围，则爱好那文艺中表现他们切身体验的生活范围以内的事物，或是他生活所迫切感到的缺陷与希求追想的幻境。对于常人"艺术真是人生的表现和人生的憧憬"。

所以常人真能了解及爱好的艺术，是那接触到他生活体验范围以内的生命表现，倒不在乎时代的今和古。古人的小说只要它所描写的生活情调与我们相近，就不嫌其古。今人的小说如果所描写的太新太奇而没有抓住我们生活的体验内容，就会不为一般人所了解与欢迎。至于艺术"形式"方面、技术方面的艺术价值，则根本不为常人所注意与了解。他们的兴趣与感动都在活泼强烈的生命表现，尤其是切近自己生命内容的。常人对于他的现实世界以及他的艺术世界的关系表现以下三特点：

一、常人眼中的一切都是具有生命的，一切是动，是变化，是同我们一样的生命。

二、常人相信艺术中所表现的物象也是具有同样的生命。不惟宗教信徒相信神像是代表神灵，一般人也相信大艺术家能创造生命。各国古代都有关于画家、雕塑家的神话，相信他们的作品能代表真生命。（顾恺之尝悦邻女，挑之弗从，图其形于壁，以针钉其心，女遂患心痛，告恺之拔去钉即愈。）小说中虚构的人物往往成为民众信仰中真实的人格。

三、常人尤爱以"人性"附与万物。诗人、小孩、初民，这些十足的常人（人称歌德为人中的至人，也就是十足的常人），都相信"花能解语"，"西风是在树林间叹息"。

一言以蔽之，对于常人，艺术是"真实的摹写"，是"生命的表现"。而着重点尤在"真实"，在"生命"，并不在摹写与表现。技术在他是门外汉，"形式"在他更是微妙不可把握的神秘，至多也是心知其美而口不能言。他所能把握、所能感受刺激引起兴奋的、是那活泼的真实的丰富的生命的表现。他们虚心地期待着接受着这"感动"，以安慰自己的生命，充实自己的生命。至于这"生命的表现"是如何地经过艺术家的匠心而完成的，借着如何微妙的形式而表现出来，这不是他所注意，也不是他所能了解的。他是笔直地穿过那艺术的形式——艺术家的匠心——而虚怀地接受那里面的生命表现。这生命的表现动摇他，刺激他，使他悲，使他喜，使他共鸣，使他陶醉。这是对于他的生命有关，这是他的真实，他的真理。能满足这要求的艺术是好的艺术。不符合他这真理的艺术，就引起他的惊异而认为不满。常人在艺术的理想上是天生的"自然主义者""写实主义者"。但是人生是矛盾的，常人的艺术心理也是矛盾的。他要求现实，但同时也要求"奇迹"，憧憬于幻景。他不仅是要求一幅山水，可以供他的卧游。他更幻想着诡奇的神话的境界。中国通俗文学如《水浒传》《红楼梦》《三国演义》都在写实的故事中掺杂些神话与奇迹在里面。这正符合常人的文艺欣赏的形式。歌德也曾说过："平凡的要和那不可能的很美丽地交织着。"

说到这里的是述常人对于艺术的内容方面的天然的倾向。现在再谈一谈常人对于艺术的形式方面潜伏的要求。（在此可了解古典的艺术形式是很迎合这心理形式的。）（一）常人要求一件艺术品，无论是绘画、雕刻、建筑，在形式结构上要条理清楚，章法井然，俾人一目了然，易于接受，符合心理经济的原则。（二）然而艺术的内容——那生命的表现——却须在这"形式"里面渲染得鲜艳动人，热闹紧张，富有刺激性，为悲剧，为喜剧，引人入胜。

所以通俗的文艺作品都喜欢描述情节丰富，动作紧张，渲染刺激的内容。荷马的史诗，日耳曼的尼伯龙根之歌（*Das.Nibelungenlied*），中国最好的小说《水浒传》《红楼梦》等都是未能免俗，其内容都是最丰富的最热闹最紧张的人生描写。

根本上通俗文艺的主体是神话故事、英雄史诗与小说。在绘画、雕刻方面也趋向历史的宗教的社会的人生描写。山水画与抒情诗是知识阶级的创造与享受。

总而言之，常人要求的文学艺术是写实的，是反映生活的体验与憧憬的。然而这个"现实"却须笼罩在一幻想的诡奇的神光中。

略论文艺与象征

诗人艺术家在这人世间，可具两种态度：醉和醒。醒者张目人间，寄情世外，拿极客观的胸襟"漱涤万物，牢笼百态"（柳宗元语），他的心像一面清莹的镜子，照射到街市沟渠里面的污秽，却同时也映着天光云影，丽日和风！世间的光明与黑暗，人心里的罪恶与圣洁，一体显露，并无差等。所谓"赋家之心，包括宇宙"，人情物理，体会无遗。英国的莎士比亚，中国的司马迁，都会留下"一个世界"给我们，使我们体味不尽。他们的"世界"虽是匠心的创造，却都是具有真情实理，生香活色，与自然造化一般无二。

然而他们究竟是大诗人，许人具有别材别趣，尤贵具有别眼。包括宇宙的赋家之心反射出的仍是一个"诗心"所照临的世界。这个世界尽管十分客观，十分真实，十分清醒，终究蒙上了一层诗心的温情和智慧的光辉，使我们读者走进一个较现实更清朗、更生动、更深厚的富于启发性的世界。

所以诗人善醒，他能透彻人情物理，把握世界人生真境实相，散布着智慧，那由深心体验所获得的晶莹的智慧。

　　但诗人更要能醉，能梦。由梦由醉诗人方能暂脱世俗，超俗凡近，深深地深深地坠入这世界人生的一层变化迷离、奥妙惝恍的境地。《古诗十九首》，凿空乱道，归趣难穷，读之者回顾踌躇，百端交集，茫茫宇宙，渺渺人生，念天地之悠悠，独怆然而涕下；一种无可奈何的情绪，无可表达的沉思，无可解答的疑问，令人愈体愈深，文艺的境界邻近到宗教境界（欲解脱而不得解脱，情深思苦的境界）。

　　这样一个因体会之深而难以言传的境地，已不是明白清醒的逻辑文体所能完全表达。醉中语有醒时道不出的。诗人艺术家往往用象征的（比兴的）手法才能传神写照。诗人于此凭虚构象，象乃生生不穷；声调，色彩，景物，奔走笔端，推陈出新，迥异常境。戴叔伦说："诗家之境，如蓝田日暖，良玉生烟，可望而不可置于眉睫之间。"可望而不可置于眉睫之间，就是说艺术的意境要和吾人具

相当距离，迷离惝恍，构成独立自足、刊落凡近的美的意象，才能象征那难以言传的深心里的情和境。

所以最高的文艺表现，宁空毋实，宁醉毋醒。西洋最清醒的古典意境，希腊雕刻，也要在圆浑的肉体上留有清癯而不十分充满的境地，让人们心中手中波动一痕相思和期待。阿波罗神像在他极端清朗秀美的面庞上，仍流动着沉沉的梦意在额眉眼角之间。

杜甫诗云"篇终接混茫"，有尽的艺术形象，须映在"无尽"的和"永恒"的光辉之中，"言在耳目之内，情寄八荒之表"。一切生灭相，都是"永恒"的和"无尽"的象征。屈原、阮籍、左太冲、李白、杜甫，都曾登高远望，情寄八荒。陶渊明诗云"愿言蹑清风，高举寻吾契"，也未尝没有这"登高望所思"（阮籍诗句）的浪漫情调。但是他又说："即事如已高，何必升华嵩？"这却是儒家的古典精神。这和他的"结庐在人境，而无车马喧"，同样表现出他那"即平凡即圣境"的深厚的人生情趣。无怪他"即事多所欣"，而深深地了解孔颜的乐处。

中国的诗人画家善于体会造化自然的微妙的生机动态。徐迪功所谓"朦胧萌坼，浑沌贞粹"的境界。画家发明水墨法，是想追蹑这朦胧萌坼的神化的妙境。米友仁（宋画家）自题潇湘图："夜雨欲

雾，晓烟既泮，则其状类若此。"韦苏州（唐诗人）诗云："微雨夜来过，不知春草生。"都能深入造化之"几"，而以诗画表露出来。这种境界是深静的，是哲理的，是偏于清醒的，和《古诗十九首》的苍茫踌躇，百端交集，大不相同。然而同是人生的深境，同需要象征手法才能表达出来。

清初叶燮在《原诗》里说得好："要之，作诗者实写理、事、情。可以言言，可以解解，即为俗儒之作。惟不可名言之理，不可施见之事，不可径达之情，则幽眇以为理，想象以为事，惝恍以为情，方为理至、事至、情至之语。"又说："可言之理，人人能言之，安在诗人之言之！可征之事，人人能述之，又安在诗人之述之！必有不可言之理，不可述之事，遇之于默会意象之表，而理与事无不灿然于前者也。"

他这话已经很透彻地说出文艺上象征境界的必要，以及它的技术，即"幽眇以为理，想象以为事，惝恍以为情"，然后运用声调、辞藻、色彩，巧妙地烘染出来，使人默会于意象之表，寄托深而境界美。

清谈与析理

被后世诟病的魏晋人的清谈，本是产生于探求玄理的动机。王导称之为"共谈析理"。嵇康《琴赋》里说："非至精者不能与之析理。""析理"须有逻辑的头脑，理智的良心和探求真理的热忱。青年夭折的大思想家王弼就是这样一个人物。[1]何晏注老子始成，诣王辅嗣（弼），见王注精奇，乃神伏曰："若斯人，可与论天人之际矣。""论天人之际"，当是魏晋人"共谈析理"的最后目标。《世说》又载：

---

[1] 何晏"以为圣人无喜怒哀乐，其论甚精，钟会等述之"。弼与不同，"以为圣人茂于人者神明也。同于人者五情也。神明茂，故能体冲和以通无；五情同，故不能无哀乐以应物。然则圣人之情，应物而无累于物者也。今以其无累便谓不复应物，失之多矣"（《三国志·钟会传》裴松之注）。按：王弼此言极精，他是老、庄学派中富有积极精神的人。一个积极的文化价值和人生价值的境界可以由此建立。

殷（浩）、谢（安）诸人共集，谢因问殷："眼往属万形，万形来入眼不？"

是则由"论天人之际"的形而上学的探讨注意到知识论了。

　　当时一般哲学空气极为浓厚，热衷功名的钟会也急急地要把他的哲学著作求嵇康的鉴赏，情形可笑：

　　钟会撰《四本论》始毕，甚欲使嵇公一见。置怀中，既定，畏其难，怀不敢出，于户外遥掷，便回急走。

　　但是古代哲理探讨的进步，多由于座谈辩难。柏拉图的全部哲学思想用座谈对话的体裁写出来。苏格拉底把哲学带到街头，他的街头论道，是西洋哲学史中最有生气的一页。印度古代哲学的辩争尤非常激烈。孔子的真正人格和思想也只表现在《论语》里。魏晋的思想家在清谈辩难中，显出他们活泼飞跃的析理的兴趣和思辨的精神。《世说》载：

　　何晏为吏部尚书，有位望，时谈客盈座。王弼未弱冠，往见之。晏闻弼名，因条向者胜理，语弼曰："此理仆以为极，可得复难不？"弼便作难，一座人便以为屈。于是弼自为客主数番，皆一座所不及。

当时人辩论名理，不仅是"理致甚微"，兼"辞条丰蔚，甚足以动心骇听"。可惜当时没有一位文学天才把重要的清谈辩难详细记录下来，否则中国哲学史里将会有可以媲美《柏拉图对话集》的作品。

我们读《世说》下面这段记载，可以想象当时谈理时的风度和内容的精彩。

> 支道林、许（询）、谢（安）盛德共集王（濛）家。谢顾谓诸人："今日可谓彦会。时既不可留，此集固亦难常，当共言咏，以写其怀。"许便问主人："有《庄子》不？"正得《渔父》一篇。谢看题，便各使四座通。支道林先通，作七百许语，叙致精丽，才藻奇拔，众咸称善。于是四座各言怀毕。谢问曰："卿等尽不？"皆曰："今日之言，少不自竭。"谢后粗难，因自叙其意，作万余语，才峰秀逸。既自难干，加意气拟托，萧然自得，四座莫不厌心。支谓谢曰："君一往奔诣，故复自佳耳！"

谢安在清谈上也表现出他领袖人群的气度。晋人的艺术气质使"共谈析理"也成了一种艺术创作。

> 支道林、许询诸人共在会稽王斋头，支为法师，许为都讲。支通一义，四座莫不厌心。许送一难，众人莫不抃舞。但共嗟咏二家之美，不辩其理之所在。

但支道林并不忘这种辩论应该是"求理中之谈"。《世说》载：

> 许询年少时，人以比王苟子，许大不平。时诸人士及于法师并在会稽西寺讲，王亦在焉。许意甚忿，便往西寺与王论理，共决优劣。苦相折挫，王遂大屈。许复执王理，王执许理，更相复疏，王复屈。许谓支法师曰："弟子向语何似？"支从容曰："君语佳则佳矣，何至相苦邪？岂是求理中之谈哉？"

可见"共谈析理"才是清谈真正目的，我们最后再欣赏这求真爱美的时代里一个"共谈析理"的艺术杰作：

> 客问乐令"旨不至"者，乐亦不复剖析文句，直以麈尾柄确几曰："至不？"客曰："至。"乐因又举麈尾曰："若至者，那得去？"于是客乃悟服，乐辞约而旨达，皆此类。

大化流衍，一息不停，方以为"至"，倏焉已"去"，云"至"云"去"，都是名言所执。故飞鸟之影，莫见其移，而逝者如斯，不舍昼夜。孔子川上之叹，桓温摇落之悲，卫玠的"对此茫茫不觉百端交集"，王孝伯叹赏于古诗"所遇无故物，焉得不速老"。晋人这种宇宙意识和生命情调，已由乐广把它概括在辞约而旨达的"析理"中了。

中国艺术三境界

"中国艺术三境界"这个题目很大，讲起来可说是大而无当。但是，大亦有好处，就是可以空空洞洞地讲一点。

现在，从中国过去的艺术家所遗留下来的诗文中，找出一鳞一爪来和各位谈谈。

说起"境界"，的确是个很复杂的东西。不但中西艺术里表现的"境界"不同，单就国画来说，也有很多差异。不过，可以综合说来有下述三种境界。

一、写实（或写生）的境界。

二、传神的境界。

三、妙悟的境界。

用这三个标题，似乎有一个毛病，就是前二者有具体的对象，而后者却似乎空泛无着。但是，细想起来，它还是有对象的，那就是所谓玄境。兹分论如下：

一　写实的境界

站在油画或西洋写生画的立场来看，似乎中国画不能算是写实画。其实，中国的画家是很讲究写实的。我们从下述几个例子可以看出：

客有为齐王画者。齐王问曰："画孰最难者？"曰："犬马最难。""孰易者？"曰："鬼魅最易。"夫犬马人所知也，旦暮罄于前，不可类之，故难。鬼魅无形者，不罄于前，故易之也。

（戴）颙……，宋太子铸丈六金像于瓦棺寺，像成而恨面瘦，工人不能理，乃迎颙问之。曰："非面瘦，乃臂胛肥！"既铝减臂胛，像乃相称，时人服其精思。

徽宗建龙德宫成，命待诏图画宫中屏壁，皆极一时之选。上来幸，一无所称，独顾壶中殿前柱廊栱眼《斜枝月季花》，问画者为谁？实少年新进。上喜，赐绯，褒锡甚宠，皆莫测其故。近侍尝请于上，上曰："月季鲜有能画者，盖四时朝暮，花蕊叶皆不同。此作春时日中者，无毫发差，故厚赏之。"

宣和殿前植荔枝，既结实，喜动天颜。偶孔雀在其下，亟召画院众史，令图之。各极其思，华彩灿然。但孔雀欲升藤墩，先举右脚。上曰："未也。"众史愕然莫测。后数日再呼问之，不知所对，则降旨曰："孔雀升高，必先举左。"众史骇服。

希腊大画家曹格西斯（Zeuxis）画架上葡萄，有飞雀见而啄之。画家巴哈西斯（Panhazus）走来画一帷幕掩其上，曹格西斯回家误以为是真帷幕，欲引而张之。他能骗飞雀，却又被人骗了。

这两个故事如同出一辙，可见东方与西方画家有同样的写实精神。

中国画家不但重视表面写实，更透入内层。从下述例证，便可看出。

黄筌……十七岁事蜀后主王衍为待诏，至孟昶加检校少府监，累迁如京副使。后主衍尝诏筌于内殿观吴道玄画钟馗，乃谓筌曰："吴道玄之画钟馗者，以右手第二指抉鬼之目，不若以拇指为有力也。"令筌改进，筌于是不用道玄之本，别改画以拇指抉鬼之目者进焉。后主怪其不如旨，筌对曰："道玄之所画者，眼色意思俱在第二指；今臣所画眼色意思，俱在拇指。"后主悟，乃喜。

这种写实，可说已到传神的境界了。

中国画家不仅可以画得很像，或至入神。并且，相信画家是个小上帝，简直可以创造出真实的

东西来:

　　李思训开元中除卫将军，与其子李昭道中舍俱得山水之妙，时人号大李、小李。思训格品高奇，山水绝妙；鸟兽、草木，皆穷其态。昭道虽图山水、鸟兽，甚多繁巧，智惠笔力不及思训。天宝中明皇召思训画大同殿壁，兼掩障。异日因对，语思训云："卿所画掩障，夜闻水声。"通神之佳手也，国朝山水第一。故思训神品，昭道妙上品也。

　　韩干京兆人也，明皇天宝中召入供奉。上令师陈闳画马，帝怪其不同，因诘之。奏云："臣自有师。陛下内厩之马，皆臣之师也。"上甚异之。其后果能状飞黄之质，图喷玉之奇；九方之职既精，伯乐之相乃备。且古之画马，有《穆王八骏图》，后立本亦模写之，多见筋骨，皆擅一时，足为希代之珍。开元后四海清平，外国名马，重驿累至。然而沙碛之遥，蹄甲皆薄；明皇遂择其良者，与中国之骏同颁，尽写之。自后内厩有飞黄、照夜、浮云、五花之乘，奇毛异状，筋骨既圆，蹄甲皆厚。驾驭历险，若舆辇之安也；驰骤旋转，皆应韶濩之节。是以陈闳貌之于

前，韩幹继之于后，写渥洼之状，若在水中，移骎骎之形，出
于图上，故韩幹居神品宜矣……

这两个故事，虽然是神话，但我们可以相信，他们的画是惟妙
惟肖，使人相信画家有创造生命的艺术。

中国画家又很讲实用。梁兴国寺殿中多雀，粪积佛顶，僧驱
之不去。乃请画家张僧繇画一鹰一鹞于东西壁，双目瞵视，栩栩如
生，雀不敢至。

由此，我们知道中国画家是有写实的兴趣、技巧、能力与观察
力的。不但如此，还有能超出现实阶段，而达于更高境界者。即是
传神的境界。

二　传神的境界

任何东西，不论其为木为石，在审美的观点看来，均有生命与
精神的表现。画家欲把握一物的灵魂，必须改变他的技巧。就是不
能再全部的纯写实的描画，而须抓住几个特点。从下述例证，可以
看出。

　　顾恺之……画人尝数年不点目睛，人问其故，答曰：“四体
妍蚩，本无关于妙处，传神写照，正在阿堵之中。”又画裴楷
真，颊上加三毛，云：“楷俊朗有识，具此正是其识，具观者详

之，定觉神明殊胜。"

传神不能板滞，必须生动自然，方为杰作。苏东坡有一首题在画上的诗："苍鹰见人时，未起意先改。君从何处看？得此无人态？"这无人之态，便是鹰的自然状态，画家应当把握住。

西洋亦如此。当写实派极盛时，便走入另一阶段而求解脱。法国罗丹是集写实派之大成的人，但他塑像时，却令对象（模特儿）自由行动，言谈举止，一如平时，这时，他藏于屋角，随意取材，把握其自然情态。这正如宋代陈造所说的一样。他说："使人伟衣冠，肃瞻视，巍坐屏息，仰而视，俯而起草，毫发不差，若镜中写影，未必不木偶也。着眼于颠沛、造次、应对、进退、频额、适悦、舒急、倨傲之顷。熟想而默识，一得佳思，亟运笔墨，如兔起鹘落，则气王而神完矣。"即此一段妙论，就可以胜过罗丹了。

明代吴承恩在其《射阳山人集》中，有《送写真李山人序》一文，略谓："通州李先生至淮阴蒋家，士绅请画像，十常得十。人问之，对曰：余非技人也，而游乎技。余初出游时，见人之容貌、老少、长短、肥瘦、妍媸各有不同，为之神往，乃证其眉化，目而墨之，十分中常失五六。既久，知其性，忘其形，求之于俯仰，求之于空貌，求之于情感，有时余与同悲，有时余与同乐——再起作画，此时十失有三四。今余不观人之貌，隐几而坐，忽焉若观斯人于素，又忽焉若见紫色起于眉宇之间，乃急起作画，余不知其肖否？不知其已失几何？"作画至此阶段，可说已至浑化超脱形象，而到最高的境界了。

苏东坡《传神记》说得更透彻。他说："传神之难在目。顾虎头云：'传形写影，都在阿堵中。'其次在颧颊。吾尝于灯下顾自见颊影，使人就壁模之，不作眉目，见者皆失笑，知其为吾也。目与颧颊似，余无不似者，眉与鼻口可增减取似也。传神与相一道，欲得其人之天，法当于众中阴察之。今乃使人具衣冠坐，注视一物，彼方敛容自持，岂复见其天乎？凡人意思，各有所在，或在眉目，或在鼻口。虎头云：'颊上加三毛，觉精采殊胜。'则此人意思盖在须颊间也。优孟学孙叔敖抵掌谈笑，至使人谓死者复生，此岂举体皆似，亦得其意思所在而已。使画者悟此理，则人人可以为顾陆。吾尝见僧赠惟真画曾鲁公，初不甚似。一日往见公，归而喜甚，曰：'吾得之矣。'乃于肩后加三纹，隐约可见，作俯首仰视，眉扬而额蹙者，遂大似。南都人陈怀立，传吾神众，以为得其全者。怀立举止如诸生，萧然有于笔墨之外者也。故以吾所闻者助发之。"由此可见中国画重在传神。

山水传神在点苔，苔是山水的眉目，其次如作亭。张宣题画云："石滑岩前雨，泉香树杪风。江山无限景，都聚一亭中。"可见亭之于山水，亦如目之于人一样。宋画家郭熙云："画山水数百里间，必有精神聚处，乃足画。散地不足画也。"

三　妙悟的境界（原文缺失）

中国书法艺术的性质

　　中国书法在国际艺术界受到特别的重视，与油画差不多，别的国家，像以前的希腊、埃及，他们的书法也不能说一点也没有，但不能发展成为像中国这样一种艺术。这一点是有很多条件。中国的笔墨、中国的书法的传统、中国字是象形的。有象形的基础，这一点就有艺术性。中国的文字渐渐地越来越抽象，后来就不完全包有"象形"了，而"象形""指事"等只是文字的一个阶段。但是，骨子里头，还保留着这种精神。中国书家研究发展这种精神，成为世界上独特的艺术，也是值得注意的，并且艺术发展境界之高。像王羲之，中国人对他的崇拜，尤其是从前唐太宗对他那么重视，那真是少有的。唐太宗把他的书法看得比任何艺术都高了，这一点是值得我们思考的。书法艺术，中国周围国家都有，如朝鲜、日本，尤其是日本人，也很讲究的。日本人对书法（书道）研究特别注意。中国书法的内容也很丰富，有很多书体，境界的发展是没有一定的止境的，将来还会有新的书体，我们现在还不知道。并且，各个时代有各个时代的风格，这一点是值得研究的。我们中国人对艺术的研究也特别注意到书法的艺术，因为这是中国的一个特有的方面，如像印度的文字，就还不能成为书法的艺术，所以这也是值得世界好好研究的问题。

书法的性质问题，我在《中国书法里的美学思想》等文章中涉及到，可以作为你们研究的参考。中国的书法，是节奏化了的自然，表达着深一层的对生命形象的构思，成为反映生命的艺术。因此，中国的书法，不像其他民族的文字，停留在作为符号的阶段，而是走上艺术美的方向，而成为表达民族美感的工具。这也可说是中国书法的一个特点。中国的画，画与书法，差不多是分不开的，

绘画的发展，越来越与书法联系起来，画的价值往往与书法的价值结合在一起。其他民族的文字、如拉丁文，是抽象的符号。中国书法的抽象中间还有象形，有象形的文字、象形的东西就有了艺术的基础了。中国书法的发展，后来的用笔、结体、章法、一点一画，越来越讲究，发展到很高的艺术境界。从前的传统，由王羲之的楷书、行书下来，同时在北方，北魏的隶书，也是承继着古代篆隶下来的。这里面内容也还是很丰富的。这个中国书法的艺术，是最值得中国人作为一个特别的课题发挥的。从前，日本人对中国书法很重视，后来，有些西洋人本来与中国书法距离很远，但也有些还真正研究的东西。我记得在抗战时期，在西南联大有一个美国人，就对中国的书法特别感兴趣，做了不少研究。

中国书法的理论，如我曾提到过的欧阳询结体三十六法，也是中国的传统下来的，书法理论的材料非常丰富，这也是很特别的，在别的国家，任何哪国也没有这回事，对书法有这么浓厚的兴趣，只有中国有，而且特别高，就因为它有着很高的美学价值。

略谈艺术的"价值结构"

　　近代美学的开始是笼罩在实验心理学的方法与观点下面，成为心理学的局部。美感过程的描述，艺术创造与艺术欣赏之心理分析，成为美学的中心事务。而艺术品本身的价值的评判，艺术意义的探讨与阐发，艺术理想的设立，艺术对于人生与文化的地位与影响，这些问题，向来是哲学家及批评家所注意的。现在仍是交给哲学家及批评家去发表意见。

　　但这一些问题，可以集中于一个主体问题，这就是艺术这个"价值结构体"的分析与研究。艺术是人类文化创造生活之一部，是与学术、道德、工艺、政治同为实现一种"人生价值"与"文化价值"。普通人说艺术之价值在"美"，就同学术、道德之价值在"真"与"善"一样。然自然界现象也表现美，人格个性也表现美。艺术固然美，却不止于美。且有时正在所谓"丑"中表现深厚的意趣，在哀感沉痛中表现缠绵的顽艳。艺术不只是具有美的价值，且富有对人生的意义深入心灵的影响。艺术至少是三种主要"价值"的结合体：

一、形式的价值。就主观的感受言即"美的价值"。

二、抽象的价值。就客观言为"真的价值"，就主观感受言，为"生命的价值"（生命意趣之丰富与扩大）。

三、启示的价值。启示宇宙人生之意义之最深的意义与境界，就主观感受言，为"心灵的价值"，心灵深度的感动，有异于生命的刺激。

"形""景""情"是艺术的三层结构，现在略略谈述如下：

形式的价值。关于艺术中所谓"形式"之意义与价值，我最近在另一篇文字里（《论中西画法的渊源与基础》）曾有以下的说明，兹引述于此，不再费词：

> 美术中所谓形式，如数量的比例、形线的排列（建筑）、色彩的和谐（绘画）、音律的节奏，都是抽象的点、线、面、体或音色等的交织结构，以网罩万物形象及心情诸感，有如细纱面幕，垂佳人之面，使人在摇曳荡漾、似真似幻中窥探真理，引人无穷之思。

但形式的作用，尚不止于此，可以别为三项：

一、美的形式的组织使一片自然或人生的景象自成一独立的有机体，自构一世界，从吾人实际生活之种种实用关系中超脱自在：

"间隔化"是"形式"的重要的消极的功用。

美的对象之第一步需要间隔。图画的框，雕像的石座，堂宇的栏杆台阶，剧台的帘幕（新式的配光法及观众坐黑暗中），从窗眼窥青山一角，登高俯瞰黑夜幕罩的灯火街市。这些幻美的境界都是由各种间隔作用造成。

二、美的形式之积极的作用是组织、集合、配置。一言蔽之，是构图。使片景孤境自织成一内在自足的境界，无求于外而自成一意义丰满的小宇宙。要能不待框框已能遗世独立，一顾倾城。

希腊大建筑家以极简单朴质的形体线条构造雅典庙堂，使人千载之下瞻赏之，尤有无穷高远圣美的意境，令人不能忘怀。

三、形式之最后与最深的作用，就是它不只是化实相为空灵，引人精神飞越，超入幻美。而尤在它能进一步引人"由幻即真"，深入生命节奏的核心。

世界上唯有最抽象的艺术形式——如建筑、音乐、舞蹈姿态、中国书法、中国戏面谱、钟鼎彝器的形态与花纹——乃最能象征人

类不可言不可状之心灵姿势与生命的律动。

每一个伟大的时代，伟大的文化，都欲在实用生活之余裕，或在宗教典礼、庙堂祭祀时，以庄严的建筑、崇高的音乐、闳丽的舞蹈，表达这生命的高潮、一代精神之最高节奏。建筑形体的抽象结构，音乐的节律和谐，舞蹈的线纹姿势，最能表现吾人深心的情调与律动。吾人借及返于"失去了的和谐，埋没了的节奏，重新获得生命的核心，乃得真自由，真解脱，真生命"。

"形式"为美术之所以成为美术的基本条件，独立于科学、哲学、道德、宗教等文化事业外，自成一文化的结构，生命的表现。它不只是实现了"美"的价值，且深深地表达了生命的情调与意味。

然人生仪态万方，宇宙也奇丽诡秘，生命的境界无穷尽，形象的姿势也无穷尽，于是，描摹物象以达造化之情，也是艺术的主要事业。

兹一谈艺术中描象的价值。文学、绘画、雕刻，都是描写人物情态形象，以寄托遥深的意境。希腊的雕刻保存着希腊的人生姿态，莎士比亚的剧本表现着文艺复兴时的人心悲剧。艺术的描摹不是机械的摄影，乃系以象征方式提示人生情景的普遍性。"一朵花中窥见天国，一粒沙中表象世界"，艺术家描写人生万物都是这种象征式的。我们在艺术的描象中可以体验着"人生的意义"。"人心的定律"，"自然物象最后最深的结构"，就同科学家发现物理的构造与力的定理一样。艺术的里面不只是"美"，且饱含着"真"。

这种"真"的呈露，使我们鉴赏者周历多层的人生境界，扩大心襟，以至于与人类的心灵为一体，没有一丝的人生意味不反射在自己的心里。

在此，已经触到艺术的启示价值。清代大画家恽南田曾对于一幅画景有如是的描写：

谛视斯境，一草一树，一丘一壑，皆洁庵灵想之所独辟，总非人间所有。其意象在六合之表，荣落在四时之外。

这几句话真说尽艺术所启示的最深境界。艺术的境象本是幻的，所谓"灵想之所独辟，总非人间所有"。但它同时却启示了高一级的真实，所谓"意象在六合之表"。古人说："超以象外，得其环中。"借幻境以表现最深的真境，由幻以入真，这种"真"不是普通的语言文字，也不是科学公式所能表达的真，这只是艺术的"象征力"所能启示的真实。

真实是超时间的，所以"荣落在四时之外"。艺术同哲学、科学、宗教一样，也启示着宇宙人生最深的真实，但却是借助于幻想的象征力以诉之于人类的直观的心灵与情绪意境，而"美"是它的附带的"赠品"。

辑四

艺术生活

中国文化的美丽精神往哪里去

印度诗哲泰戈尔在国际大学中国学院的小册里曾说过这几句话："世界上还有什么事情比中国文化的美丽精神更值得宝贵的？中国文化使人民喜爱现实世界，爱护备至，却又不致陷于现实得不近情理！他们已本能地找到了事物的旋律的秘密。不是科学权力的秘密，而是表现方法的秘密。这是极其伟大的一种天赋。因为只有上帝知道这种秘密。我实妒忌他们有此天赋，并愿我们的同胞亦能共享此秘密。"

泰戈尔这几句话里包含着极精深的观察与意见，值得我们细加考察。

先谈"中国人本能地找到了事物的旋律的秘密"。东西古代哲人都曾仰观俯察探求宇宙的秘密。但希腊及西洋近代哲人倾向于拿逻辑的推理、数学的演绎、物理学的考察去把握宇宙间质力推移的规律，一方面满足我们理知了解的需要，一方面导引西洋人，去控制物力，发明机械，利用厚生。西洋思想最后所获着的是科学权力的秘密。

中国古代哲人却是拿"默而识之"的观照态度去体验宇宙间生生不已的节奏，泰戈尔所谓旋律的秘密。《论语》上载：

> 子曰："予欲无言！"子贡曰："夫子不言，则小子何述焉？"子曰："天何言哉。四时行焉，百物生焉，天何言哉！"

四时的运行，生育万物，对我们展示着天地创造性的旋律的秘密。一切在此中生长流动，具有节奏与和谐。古人拿音乐里的五声配合四时五行，拿十二律分配于十二月（《汉书·律历志》），使我们一岁中的生活融化在音乐的节奏中，从容不迫而感到内部有意义有价值，充实而美。不像现在大都市的居民灵魂里，孤独空虚。英国诗人艾略特有"荒原"的慨叹。

不但孔子，老子也从他高超严冷的眼里观照着世界的旋律。他说："致虚极，守静笃，万物并作，吾以观其复！"活泼的庄子也说他"静而与阴同德，动而与阳同波"，他把他的精神生命体合于自然的旋律。孟子说他能"上下与天地同流"。荀子歌颂着天地的节奏："列星随旋，日月递照，四时代御，阴阳大化，风雨博施，万物各得其和以生，各得其养以成。"

我们不必多引了，我们已见到了中国古代哲人是"本能地找到了宇宙旋律的秘密"。而把这获得的至宝，渗透进我们的现实生活，使我们生活表现礼与乐里，创造社会的秩序与和谐。我们又把这旋律装饰到我们的日用器皿上，使形下之器启示着形上之道（即生命的旋律）。中国古代艺术特色表现在他所创造的各种图案花纹里，而中国最光荣的绘画艺术也还是从商周铜器图案、汉代砖瓦花纹里脱胎出来的呢！

"中国人喜爱现实世界，爱护备至，却又不致陷于现实得不近情理"。我们在新石器时代，从我们的日用器皿制出玉器，作为我们政治上、社会上及精神人格上美丽的象征物。我们在铜器时代也把我们的日用器皿，如烹饪的鼎、饮酒的爵等，制造精美，竭尽当时的艺术技能，他们成了天地境界的象征。我们对最现实的器具，赋予崇高的意义，优美的形式，使它们不仅仅是我们役使的工具，而是可以同我们对语、同我们情思往还的艺术境界。后来我们发展了瓷器（西人称我们是瓷国）。瓷器就是玉的精神的承续与光大，使我们在日常现实生活中能充满着玉的美。

但我们也曾得到过科学权力的秘密。我们有两大发明：火药同指南针。这两项发明到了西洋人手里，成就了他们控制世界的权力，陆上霸权与海上霸权，中国自己倒成了这霸权的牺牲品。我们发明着火药，用来创造奇巧美丽的烟火和鞭炮，使我一般民众在一年劳苦休息的时候，新年及春节里，享受平民式的欢乐。我们发明指南针，并不曾向海上取霸权，却让风水先生勘定我们庙堂、居宅及坟墓的地位和方向，使我们生活中顶重要的"住"，能够选择优美适当的自然环境，"居之安而资之深"。我们到郊外，看那山环水抱的亭台楼阁，如入图画。中国建筑能与自然背景取得最完美的调协，而且用高耸天际的层楼飞檐及环拱柱廊、栏杆台阶的虚实节奏，昭示出这一片山水里潜流的旋律。

漆器也是我们极早的发明，使我们的日用器皿生光辉，有情韵。最近，沈福文君引用古代各时期图案花纹到他设计的漆器里，使我们再能有美丽的器皿点缀我们的生活，这是值得兴奋的事。但是要能有大量的价廉的生产，使一般人民都能在日常生活中时时接触趣味高超、形制优美的物质环境，这才是一个民族的文化水平的尺度。

中国民族很早发现了宇宙旋律及生命节奏的秘密，以和平的音乐的心境爱护现实，美化现实，因而轻视了科学工艺征服自然的权力。这使我们不能解救贫弱的地位，在生存竞争剧烈的时代，受人侵略，受人欺侮，文化的美丽精神也不能长保了，灵魂里粗野了，卑鄙了，怯懦了，我们也现实得不近情理了。我们丧尽了生活里旋律的美（盲动而无秩序）、音乐的境界（人与人之间充满了猜忌、斗争）。一个最尊重乐教、最了解音乐价值的民族没有了音乐。这就是说没有了国魂，没有了构成生命意义、文化意义的高等价值。中国精神应该往哪里去？

近代西洋人把握科学权力的秘密（最近如原子能的秘密），征服了自然，征服了科学落后的民族，但不肯体会人类全体共同生活的旋律美，不肯"参天地，赞化育"，提携全世界的生命，演奏壮丽的交响乐，感谢造化宣示给我们的创化机密，而以厮杀之声暴露人性的丑恶，西洋精神又要往哪里去？哪里去？这都是引起我们惆怅、深思的问题。

读《论美》后一些疑问

《新建设》1957年2月号发表了高尔太的《论美》一文，我读过以后，觉得有一些疑问，特提出来供作参考。

作者说："有没有客观的美呢？我的回答是否定的：客观的美并不存在。"我说，当我们欣赏一个美的对象的时候，譬如我们说"这朵花是美的"，这话的涵义是肯定了这朵花具有美的特性和价值，和它具有红的颜色一样。这是对于一个客观事物的判断，并不是对于我的主观感觉或主观感情的判断。这判断表白了一个客观存在的事实。当我听说某一个歌舞场面很美时，我会不惜辛苦去排队几小时，花了钱买票，目的是要去亲眼看见那客观存在的美的对象，这个客观存在的美的对象丰富了我的心灵，充实了我的生活，我把这个新获得的，原来我没有的东西——这次的美的认识——带回家来，可以夸耀于那些没有看到这歌舞的朋友，这美的对象对于我这鉴赏美的主观心灵是百分之百的客观事实，不以我的意志为转移，我要忘了自己才能充分占有它，否则我也不会费力费钱去获得它了（这个美可以让无数的人同时占有，不像一块面包，这是它的特点）。

歌德在他中年时候，摆脱了他的一切事务，悄悄地"逃往"意大利去认识和研究古典的美，对于歌德，古典的美的型范是在意大利客观地存在着，他不去是无法亲自接受、占有它的。他占有了以后，写出他的名剧《伊菲吉利》，是德国文学中最具有古典美的杰作。你若对歌德说，古典美只是你的心理过程，歌德一定瞠目不解。他一定对我们把手指向罗马。

米开朗琪罗和贝多芬一生吃的苦，费的力是大极了，是惊人的。为的是什么？为的是美！为的是那对他们自己和对我们都客观地存在着的美，永恒不朽的美。

科学家（心理学家）先肯定了美的对象客观存在的事实，然后研究这美的对象被人们接受吸收时客观的和主观的条件，分析这"美的对象"的内容和结构（如和谐等），然后"美学"才建立了起来。如果没有客观存在着美，人们做梦也不想研究美学，国家也不能提倡美育，设立美术馆。提供美育就是培养人民对客观存在着的美的对象能够接受和正确地认识，像科学那样培养我们对自然和社会的真理有正确的认识。

至于人们欣赏美的事物时须具备着主观方面的心理条件，如感性认识、理性认识、想象力的活动和情绪活动，甚至于在看戏时还要带望远镜，这就同人们对物理现象做科学研究时也要具备着主观方面的心理条件，如感性认识、理性认识、想象力、情绪活动须收敛些，而求知意志须坚强些，有时也用显微镜、望远镜等器械，但人们不能因此就说"物理现象"就是"感觉的复合""心理的过程"（马赫曾有此谬论，已被列宁据理驳斥掉了）。

作者否定了美的客观存在，但他在下面几句话似乎又肯定了美的客观存在。

作者在第54页里说：

> 我们爱大自然，就因为大自然的美。我们爱某人，如果不是因为那人的外貌是美的，便是因为那人的灵魂是美的。反过来，如果我们觉得某人的外貌或者灵魂是美的时候，我们便会爱某人。

这几句话我是可以同意的，但是它是和作者前面开宗明义的话自相矛盾了。这里作者显然承认大自然自身是美的，或具有美的性质的，客观地存在着美。否则这个可贵的"爱"岂不落空了吗？

作者这篇文章里逻辑性是不够强的。

但是作者忽然又把爱"美"转化作"爱""善"，并且坚决地主张"爱""善"正是"美"。他说："美如果离开了善与爱，便无获得自己的意义。"又说："善与爱的原则，是唯一正确的原则，因为只有它适用于一切场合。"

美的"自己的意义"就是"爱""善"。那么，美学应该划归到伦理学的范围了。

如果说，"爱""善"就是美，就是"美的基本法则"，那么伦理学就该划归到美学范围里去了。

怎么办？

关于艺术和美的关系，作者有下面几句话：

事实上，艺术在创造着美，这美不是在艺术家的劳动过程中，而是在读者受到感动的时候产生出来的。（重点号是我加的。白华）

上半句说"艺术在创造着美"，下半句说"美是在读者受到感动的时候产生出来的"。"创造"和"劳动过程"和"产生"分别在哪里？

关于美学研究的几点意见

一　要从比较中见出中国美学的特点

中国美学有悠久的历史，材料丰富，成就很高，要很好地进行研究。同时也要了解西方的美学。要在比较中见出中国美学的特点。

就拿园林艺术来说，中国的园林就很有自己的特点。颐和园、苏州园林以及《红楼梦》中的大观园，都和西方园林不同。像法国凡尔赛等地的园林，一进去，就是笔直的通道，横平竖直，都是几何形的。中国园林，进门是个大影壁，绕过去，里面遮遮掩掩，曲曲折折，变化多端，走几步就是一番风景，韵味无穷。把中国园林跟法国园林做些比较，就可以看出两者的艺术观、美学观是不同的。

可否这样说，在美学思想发展的最初阶段，中国重形象，西方重理性。先秦诸子有多少美学思想？应该如何估价？要综合起来研究，看看它们有什么特点。比如庄子，他的文章做得很好，善于利用寓言故事，利用艺术形象来表达他的思想，生动活泼。有些故事，我们可以看成是他的艺术理论，但在他自己来说，是为了表达一定的哲学思想的。庄子的思想对后世的文学、绘画等的影响很大。它影响到后来的诗人如陶渊明、苏东坡，还有间接一点的谢灵运，对于山水风景等自然界的兴趣。对后人影响大的，还有老子、墨子、孔子、孟子等人的思想。儒家思想影响最大，时间最长。而西洋美学是从古希腊传下来的，基本上是个理性主义的传统，注重规则、规律。方方正正的几何体园林布局也正是这种传统美学思想的体现。

世界上有两部书对后世的艺术影响很大。一部是中国的《诗经》，一部是荷马的叙事诗。《诗经》重情感，重对自然景物的欣赏，重道德；在抒情诗中，写的是情感，而大多表现的是一定的伦理思想。与此相异的是，希腊叙事诗重人，侧重于描写广阔的背景、人物、故事。荷马史诗也影响了雕刻，希腊雕刻就是以人体为主的。

中国的艺术，如人体画方面，受到希腊艺术间接的影响，那是通过丝绸之路从印度、波斯等国传进来的。中国的石刻，也受到印度的影响。但中国有自己的待点。中国重线条，古代画就用线条来勾画人物。在石刻中也如此，汉石刻，注意线条传神，不像希腊那样立体化。西洋的透视学在明代就传入中国，但在中国并不受重视，甚至还受抵制。中国的画同书法、诗结合得尤为密切。中国的毛笔灵巧得很。这个工具，对于中国艺术与美学思想的发展来说，其作用是不可忽视的。这是中国所特有的。研究中国美学就不能不注意它和外国美学的区别。中外美学思想的比较，我们做了一些工作，取得了一定的成果。这方面的研究还要深入做下去。

二 要重视中国人美感发展史的研究

中国古代文物很多。新中国成立后地下发掘的文物增加了不少。北京条件很好，故宫博物院收藏的东西很丰富。西安、郑州等一带是我国考古工作的中心地区，最近还挖掘了一个东周的古城。在湖北发现了编钟、编磬。编钟的声音好极了，连今天的乐曲都能演奏。这是世界美学史上难得的东西。可以看出中国两千多年前对音律掌握的水平。那时我国的音乐就已很发达了。难怪孔子那么重视音乐。那么丰富的文物被发掘了出来，考古学家光忙于考古，还来不及对这些文物从美学等方面加以深入的研究，我们专门搞美学的同志要好好利用这些无价之宝。

对于文物的收集、保护和研究，是我们一个很重要的任务。中国的雕塑，如敦煌的雕塑，好得很。靠近内地一点，云冈石窟和龙门石窟，规模很大，很有水平。尤其是龙门石像，艺术价值更高。那么大的雕像，那么逼真的神态、衣服等，很了不起。西洋人一看，惊叹不已。那些古代艺术家连个名字也不留。当然也有例外。南京栖霞山有不少的山洞，洞里有石刻。我看到有尊佛像，在后面的一个角落里，雕了一个拿着斧头的石匠的像。这就是艺术家特别的签名法，很有意思。这说明艺术家发现了自我，看到了自己的力量："我有我的创造，我有我的地位！"像这些地方的雕塑，应注意保护并加以研究。西洋人对中国的文物很感兴趣，但毕竟研究起来不方便，文字就是一个大难关。还有他们搞不如我们搞那么亲切。敦煌的东西在巴黎不少，他们看不懂，至今也没有介绍出来。我希望，为了发展美学事业，可以合作研究，作为世界艺术的成果公之于世。

多少年来，有一种偏见，认为像中国象牙雕刻等装饰性的东西是雕虫小技。这也是受文人的影响，瞧不起这些工艺美术。现在应该打破这种偏见。古老的陶器是中国最早的艺术品之一，也应重视。研究中国美学思想和艺术史，有一个不足，就是夏朝的东西找不到。那时有没有青铜器？现在不能断定。商代的铜器就很多，工艺水平已经很高了。从美学观点来看，最早的值得研究的首先是陶器上的花纹。这些花纹不尽是模仿自然的形象，多是人的创造。这些花纹主要是图案，千变万化，丰富得很。研究中国古代的美感应该研究这些东西。仰韶文化时就有了彩陶了。最近出了一本《甘肃彩陶》，颜色、图案、花纹都值得研究。那彩陶是中国最早的艺术材料。我们不仅应研究山水、人物画，也要研究图案。要研究各种文化遗产，如龙凤艺术。龙和凤都不是现实的东西，龙凤图案不是现实东西的模仿，但却对中国现实影响很大。古代装饰上尽是这些东西。研究这些东西，可以理解中国人的美感形态。现代西方的一些画派画家，譬如毕加索等，就是从一些小岛上发现最古老的花纹、原始图案，加以改造进行创新的。把图案几何化，于是就形成表现主义、立体主义、几何主义等新学派。他们都是从古代的东西中汲取营养，创立新画派，成为大画家的。我并不是主张我们今天应该像他们那样走，但是，中国古代的东西，我们自己应该研究。我们要从这些材料出发，研究中国美感的特点和发展规律，找出中国美学的特点，找出中国美学发展史的规律来。

三 路是走出来的，不是想出来的

中国有个传统说法，叫"诗中有画，画中有诗"。外国有人批评说，中国把画归入诗，变成文学作品了。其实我觉得，把诗、书、画结合起来，没有什么不好。艺术应该自由一些。艺术家应该自由创造，走自己的路。规定得太死了，对艺术没有什么好处。

在艺术方面，现在国外有各种动向。中国的路怎么走法？路是走出来的，不是想出来的。我们要研究中国的美学材料，研究中国美学史，找出规律性的东西，对今后的发展提出个意见，供人们参考，而不是要规定什么。

搞美学的人应打开眼界，多看看，对各种流派不要轻易地下结论。历史上这样的事例很多：一种新的派别出来，往往被人骂，但是到后来，影响都是很大的。毕加索的影响就很大，研究他的人不少。马蒂斯，也是摸索出自己的新道路的。有一度，徐悲鸿很恨马

蒂斯，把他的名字译成"马踢死"。但是马蒂斯也有他的价值，他别出心裁。现在他的画比古画还值钱。像毕加索、马蒂斯等人，他们的画究竟怎么样，还要靠历史来检验。我主张在艺术上采取宽容的政策。现在有些外国画，我们看不懂，不知究竟它是不是艺术，画的是什么，美在什么地方，那就多看看，多研究研究吧。不好的，看过了就算了，丢掉就是了，对我们也没有什么妨碍。

对于搞创作的，我主张鼓励他们多创作。我有一些画画的朋友，过去画西洋画，画模特儿很认真，后来到晚年又转画中国画，取得很好的成就。因为他有过去画西洋画的基础，所以放开笔来画中国画，就形成了自己的特点。齐白石、徐悲鸿、刘海粟等人，到晚年画都有很大的进步。要鼓励创新，对有些新东西，不要轻易说这个是不美的、那个是不好的，要多了解，多研究。对绘画如此，对文学作品也是如此。一部小说，一篇散文，能有些新意那是不容易的。应该鼓励大家创造。失败了也不要紧，可以重来。搞艺术批评的人要尽量宽容些。搞美学研究，也需要从发展的观点来看问题。要让作品在社会上多经一些人看看。这对中国美学和艺术的发展是会有好处的。

中国艺术有自己的悠久的传统。历史上，我们也吸收外来的东西，吸收之后就很快地发展了自己的东西。拿雕塑来说，虽然受到了印度的影响，也间接地受到希腊的影响，人物多是佛像，但是中国人的面貌，中国人的神态，很快就强烈地表现出来了；线条、衣服等，也都中国化了。越是靠近中国内地，中国化得越厉害。所以，我看吸收外国艺术表现手法这问题不用过于担心。他画西洋画，画得好了，也很好嘛。反过来再画中国画，创造自己的特点，也很好。"百花齐放，百家争鸣"，这确实是发展文化艺术的规律。至于艺术家创作的作品是不是花，先让它长出来，历史自会做结论。中国美学的发展，也只有"百家争鸣"，大家用认真的科学的态度对待问题，联系实际，好好讨论、研究，才可望取得更大的成果。中国人民是富有艺术才能的。随着社会的安定和进步，经过大家的努力，艺术必然会繁荣起来，美学也会大有发展。总之，对于艺术与美学的前景，我是很乐观的。

《中国书学史·绪论》编辑后语

　　西晋大书家钟繇论书法说："笔迹者界也，流美者人也，非凡庸所知。见万类皆象之，点如山颓，摘如雨线，纤如丝毫，轻如云雾，去者若鸣凤之游云汉，来者若游女之入花林。"这是说书法用笔也通于画意。唐代大书家李阳冰论笔法说："于天地山川得其方圆流峙之形，于日月星辰得其经纬昭回之度。近取诸身，远取诸物，幽至于鬼神之情状，细至于喜怒舒惨，莫不毕载。"这是说书法取象于天地的文章，人心的情况，通于文学的美。雷简夫说："余偶昼卧，闻江涨声，想其波涛翻翻，迅驶掀揭，高下蹙逐，奔去之状，无物可以寄其情，遽起作书，则心之所想，尽在笔下矣。"是则写字可网罗声音意象，通于音乐的美。唐代草书宗匠张旭见公孙大娘剑器舞，始得低昂回翔之状，书家解衣盘礴，运笔如飞，何尝不是一种舞蹈？中国书法是一种艺术，能表现人格，创造意境，和其他艺术一样，尤接近于音乐的、舞蹈的、建筑的抽象美（和绘画、雕塑的具象美相对）。中国乐教衰落，建筑单调，书法成了表现各时代精神的中心艺术。中国绘画也是写字，与各时代书法用笔相通，汉以前绘画已不可见，而书法则可上溯商周。我们要想窥探商、周、秦、汉、唐、宋的生活情调与艺术风格，可以从各时代的书法中去体会。西洋人写艺术风格史常以建筑风格的变迁做基础，以建筑样式划分时代，中国人写艺术史没有建筑的凭借，大可以拿书法风格的变迁来做主体形象。然而一部中国书学史还没人写过，这是研究中国艺术史和文化史的一个缺憾。近得胡小石先生《中国书学史》讲稿，欣喜过望。胡先生根据最新的材料，用风格分析的方法叙述书法的演变，以文化综合的观点通贯每一时代的艺术风格与书型。这篇《绪论》分三段，第一段论书法的艺术地位，第二段论书法与时代的关联，第三段论书体及书之三法：用笔、结体、布白。以后分章论述各时代的书法，拟陆续发表，请读者留意。胡先生研"古文"之学，曾著《甲骨文例》及《古文变迁论》。

《中国书学史·绪论（续）》编辑后语

　　中国书法有"方笔"与"圆笔"之分。圆笔所表现的是雍容和厚，气象浑穆，是一种肯定人生、爱抚世界的乐观态度，谐和融洽的心灵。西洋希腊的，尤其是文艺复兴的绘画、雕刻，多取圆笔。这是爱自然、亲近自然的精神和态度。王羲之的书法是圆笔的，有取象于鹅项之说。晋人书札是家人朋友间的通讯，他们用笔圆和亲切。自然界现象多半是圆曲线的，很少笔直的抽象线条（人造的建筑物除外），我们站在海滨向天边一望，宇宙是圆的。

　　方笔是以严峻的直线折角代替柔和抚摩物体之圆曲线。它的精神是抽象地超脱现实，或严肃地统治现实（汉代分书）。龙门造像的书体皆雄峻伟茂，是方笔之极轨。这是代表佛教全盛时代教义里的超越精神和宗教的权威力量。正和西洋中古基督教哥特式大教堂的建筑雕刻绘画，多用抽象的直线折角相同。《天发神谶碑》之奇伟，全用方笔，也是表示这种宗教意境。然而泰山经石峪的金刚经大字却慈祥博大，微妙圆通，全用圆笔，正表现大乘入世救世的精神。

胡小石先生爱考古，在京时收集出土陶器甚多，被倭寇一弹炸毁。方东美先生作诗恼之，不料他自己近日亦有"书空"之叹也。（多谢胡先生替《学灯》新写了一个报头。）

虞愚先生是研究"因明"与"名学"的。这一篇文字却很亲切地把握到抗战时期的文学问题和使命。

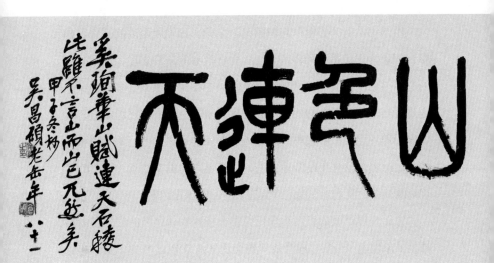

戏曲在文艺上的地位

今天，本栏登了一篇宋春舫先生讨论"改良中国戏曲"的演说词，很有价值。

中国旧式戏曲有改良的必要，已毋庸细述。不过，我的私意，以为中国戏曲改良的一件事，实属非常困难。一因旧式戏曲中人积习深厚，积势洪大，不容易接受改良运动。二因中国旧式戏曲中有许多坚强的特性，不能够根本推翻，也不必根本推翻。所以，我的意思，以为一方面固然要去积极设法改革旧式戏曲中种种不合理的地方，一方面还是去创造纯粹的独立的有高等艺术价值的新戏曲。那么，我们第一步的事业，就是制造新剧本。这种新剧本的制作，有两种：一是翻译欧美名剧，一是自由创造。两种都不是容易的事，而我看我国研究文学的人，研究戏曲的似乎比较那研究抒情文学的要少一点，所以，我今天想随便把戏曲文学的价值说两句，想借此引起我国青年研究戏曲文学的兴趣。

欧洲文学家分别文艺的内容为主要的三大门类：一、抒情文学（Lyric）；二、叙事文学（Epic）；三、戏曲文学（Drama）。抒情文学的目的，是注重描写人的内心的情绪思想的活动，他虽不能不附带着描写些外境事实，但总是以主观情绪为主，客观境界为宾，可以算是纯粹主观的文学。叙事文学的目的是处于客观的地位，描写一件外境事实的变迁，不甚参加主观情绪的色彩，它可算是纯粹客观的文学。这两种文学的起源及进化，当以叙事文学在先，抒情文学在后，而这两种文学结合的产物，乃成戏曲文学。

　　抒情文学的对象是"情"，叙事文学的对象是"事"，戏曲文学的目的，却是那由外境事实和内心情绪交互影响产生的结果——人的"行为"。所以，戏曲的制作，要同时一方面表写出人的行为，由细微的情绪上的动机，积渐造成为坚决的意志，表现成外界实际的举动，一方面表写那造成这种种情绪变动的因，即外境事实和自己举动的反响。所以，戏曲的目的，不是单独地描写情绪，如抒情文学；也不是单独地描写事实，如叙事文学；它的目的是："表写那些能发生行为的情绪和那能激成行为的事实。"戏曲的中心，就是"行为"的艺术的表现。

　　这样看来，戏曲的艺术是融合抒情文学和叙事文学而加之新组织的，它是文艺中最高的制作，也是最难的制作。它的产生，在各种文艺发达以后，中国到现在，还不见有完全的艺术的戏曲制作，也无足怪了。

　　本来文艺的发展也是依着人类精神生活发展的次序的。最初的人类精神大部分是向着外界，注意外界事实的变迁，所以叙事乃得发展。后来精神生活进化，反射作用发达，注意到内心情绪思想的活动，于是乃有抒情文学。最后表写到人心与环境种种关系产生的结果——人类的行为，才有戏曲文学产生。戏曲文学在文艺上实处最高地位，中国戏曲文学不甚发达乃是中国文艺发展不及欧洲的征象，望吾国青年文学家注意。

莎士比亚的艺术 ①

　　近年来，莎士比亚的戏剧的研究，在世界各国忽然引起很大兴趣，上演方面问题的研究和电影的摄制，都非常热闹，我们可以见到莎氏的艺术是不朽的，永远有他的生命。

　　莎士比亚生于1564年至1616年文艺复兴的最盛时代，那时代是个从中古宗教势力求解放，希腊的文学艺术重新被人发现的时代，实际上是"人"的重新发现，"人生的意义与价值"重新被发现，人体的油画与雕刻发达到极高峰，而描写人性的内心生活，以人生的冲突斗争做题材的戏剧艺术，也就异常发达。莎氏是此大潮流中一个超越一切的戏剧天才。他自己本是参加在一个剧社供给剧本。他

---

　　① 本文系为广播演讲，匆匆写就，因时间的限制，不能过长，加以自己的浅陋无学，粗疏谬误，自不在话下。彦祥先生要采登《戏剧时代》，还是不要为妥。白华自白。

说过：整个世界不过是一个舞台，人生男男女女是一些演员。他自己的生活确是一个在剧团里的生活。戏剧与人生对他是一个东西。他从戏剧里体会到那些人生的伟大的紧张的悲壮的场面，而他又从实际人生的体验、观察、分析，给予他自己的创作的丰富的深刻的生命。他的创作和他以前或以后古典剧有几个不同之点。

一、他的写作的题材故事，既不是像近代作家取于自己的生活（歌德《浮士德》），或自己的生活环境和社会问题，又不是单凭自己的想象构造情节内容。乃是几乎全部取材于他的前辈的剧本或小说而加以重新的改造。然而，艺术的价值并不在于题材内容，而在他如何写出，莎氏的天才有点石成金的手段。

他的剧本不像古典及近代剧欢喜从情节冲突紧张的顶点开始，而将过去情节在口中说出来，他是欢喜陈述一事全部的开始和发展，如《罗密欧和朱丽叶》就是从两人一见倾心说起。这是铺陈的叙述，使剧本里的空间地点和时间复杂而拉长，破坏了古典的三一律。（古典剧情的时间至多在二十四时以内。）

这种铺陈叙述使剧中主角发生多方面错综的关系，以主要情节外往往有平行的一个或两个插曲情节。这种平行情节虽是古已有之，但是莎氏最善于处理穿插而运用得有意义，或为必要，如在《威尼斯商人》中杰西卡被罗兰佐诱走就大有作用，一则显出夏洛克的凶狠的性格，表出他自己女儿骂其家为地狱；二则借此情节以弥补了订契约与契约到期时间；三则使我们了解夏洛克因女儿之出走更坚决了他的报复意志，以至于露出无人性的凶狠。莎氏的剧本固是充满了复杂的繁富的生命。

二、他的剧本若和希腊及法国古典剧对照，就看出他的特点是悲喜剧的融合；在极沉痛的悲剧中掺进了无数的幽默滑稽，使我们看出作家的舞台技巧及了解观众心理，同时看出作家对于人生命的无穷热力与兴趣，而他在喜剧中往往插入极动人的悲剧角色及悲剧情节，像《威尼斯商人》中犹太人夏洛克可见到诗人对人生的严肃深刻的同情。然而在极严肃的场面，往往插入滑稽、打趣，有时也使人感到过分。不过，他是要调剂观众的情感，也是要利用着对比的影响。

三、他一生的作品中爱用强烈的光明与阴影的对照（像 Barogue 时代的荷兰大画家 Rembrandt 的画）。他爱强调地对比善与恶，智慧与愚蠢，强与弱，动与静，尤在性格描写方面，如女性方面以娇柔含羞的 Celia 对活泼勇敢的 Rosalinde，静穆温柔的 Hero 对利口会说的 Beatrice 等等，在男子方面如理想主义的 Pratus 对实际主义的聪明的 Mark Anton 等。

四、莎氏艺术的中心点与最高峰仍在"性格的描写"。他的最成熟期的创作多半是性格的悲剧。*Hamlet* 是一部最深刻的心理描写，人人知之。他有他与前人不同的独自的技术，以描出角色的内心心理的行动的动机。他的技术大致可分四方面：

（一）从主角的大的重要的全部的行动上见出性格。如罗密欧的热狂感情从开始到最后都表现在他的言语和行动中。

（二）在不经意的微小的动作或道白中，启示出一个人的最深的内心状态与性格。譬如在恺撒的迷信的表示中看出他的原来的伟大和力量已趋衰落了。

（三）在两个或几个性格的对映中间描出一个性格细腻的光景，像《威尼斯商人》中的 Portiaa 的求婚者 Basanio，他的个性，作者在剧本中本无暇做细致的描写，然而由于和别的求婚者及 Antonio 一班其他朋友比较之下，乃觉得他是比较的可爱的人物。

（四）莎氏再有一常用的方法，就是由别人的口中描出一个人的个性性格。我们在 Lady Macbeth 口中知道了 Macbeth 的性格。在 Ophelia 的崇拜中也补充了我们对 Hamlet 个性的认识。以前的作家则多以独白表示出性格。

再后我们再讲到莎氏的剧中的一特点，就是全剧有一种"情调"的创造。他的戏剧愈成熟，愈能在一开头的几十句中就引导我们走进一种爱的或恨的情调中，那故事情节应当有的情调中，在这里表现了他不只是剧作家，也是一个大诗人。像《仲夏夜之梦》一剧若没有这诗的情调就无味了。*Macbeth* 中间巫女一幕没有那情调就觉得滑稽了。*Hamlet* 一剧开始就充满了一种幽灵的恐怖的情调，使我们走进严重的悲剧的情境中。

最后，我们说到莎氏剧情发展的顶点，往往放在第三幕的中间。同时往往也就是全部转换之点，而在悲剧的 Catastrophe 之后，并不就结束，往往再来一平静的幕让观众在离开剧院之前能平静地综合剧情的印象。全剧开头虽紧张，而结尾却平静，这是和希腊的悲剧相似，而对近代人是不大合口味的。

艺术与中国社会

依于仁，游于艺。

——孔子

孔子说"兴于诗，立于礼，成于乐"，这三句话挺简括地说出孔子的文化理想、社会政策和教育程序。王弼解释得好："言为政之次序也：夫喜惧哀乐，民之自然，感应而动，而发乎诗歌。所以陈诗采谣，以知民志风。既见其风，则损益基焉。故因俗立制，以达其礼也。矫俗检刑，民心未化，故感以乐声，以和其神也。"中国古代的社会文化与教育是拿诗书礼乐做根基。《礼记·王制》："乐正崇四术，立四教……春秋教以礼乐，冬夏教以诗书。"教育的主要工具、门径和方法是艺术文学。艺术的作用是能以感情动人，潜移默化培养社会民众的性格品德于不知不觉之中，深刻而普遍。尤以诗和乐能直接打动人心，陶冶人的性灵人格。而"礼"却在群体生活的和谐与节律中，养成文质彬彬的动作，步调的整齐，意志的集中。中国人在天地的动静，四时的节律，昼夜的来复，生长老死的绵延，感到宇宙是生生而具条理的。这"生生而条理"就是天地运行的大道，就是一切现象的体和用。孔子在川上曰："逝者如斯夫，不舍昼夜！"最能表出中国人这种"观吾生，观其生"（易观卜辞）的风度和境界。这种最高度的把握生命，和最深度的体验生命的精神境界，具体地贯注到社会实际生活里，使生活端庄流丽，成就了诗书礼乐的文化。但这境界，这"形而上的道"，也同时要能贯彻到形而下的器。器是人类生活的日用工具。人类能仰观俯察，构成宇宙观，会通形象物理，才能创作器皿，以为人生之用。器是离不开人生的，而人也成了离不开器皿工具的生物。而人类社会生活的高峰，礼和乐的生活，乃寄托和表现于礼器乐器。

礼和乐是中国社会的两大柱石，"礼"构成社会生活里的秩序条理。礼好像画上的线纹勾出事物的形象轮廓，使万象昭然有序。孔子曰："绘事后素。""乐"滋润着群体内心的和谐与团结力。然而礼乐的最后根据，在于形而上的天地境界。《礼记》上说：

礼者，天地之序也；乐者，天地之和也。

人生里面的礼乐负荷着形而上的光辉，使现实的人生启示着深一层的意义和美，礼乐使生活上最实用的、最物质的衣食住行及日用品，升华进端庄流丽的艺术领域。三代的各种玉器，是从石器时代的石斧石磬等，升华到圭璧等的礼器乐器。三代的铜器，也是从铜器时代的烹调器及饮器等，升华到国家的至宝。而它们艺术上的形体之美、式样之美、花纹之美、色泽之美、铭文之美，集合了画家书家雕塑家的设计与模型，由冶铸家的技巧，而终于在圆满的器形上，表出民族的宇宙意识（天地境界）、生命情调，以至政治的权威、社会的亲和力。在中国文化里，从最低层的物质器皿，穿过礼乐生活，直达天地境界，是一片混然无间、灵肉不二的大和谐，大节奏。

因为中国人由农业进于文化，对于大自然是"不隔"的，是父子亲和的关系，没有奴役自然的态度。中国人对他的用具（石器铜器），不只是用来控制自然，以图生存，他更希望能在每件用品里面，表出对自然的敬爱，把大自然里启示着的和谐、秩序，它内部的音乐、诗，表现在具体而微的器皿中。一个鼎要能表象天地人。《诗绎》里说：

诗者，天地之心。

《乐记》里说：

大乐与天地同和……

《孟子》曰：

君子……上下与天地同流。

中国人的个人人格、社会组织以及日用器皿，都希望能在美的形式中，作为形而上的宇宙秩序与宇宙生命的表征。这是中国人的文化意识，也是中国艺术境界的最后根据。

孔子是替中国社会奠定了"礼"的生活的。礼器里的三代彝鼎，是中国古典文学与艺术的观摩对象。铜器的端庄流丽是中国建筑风格、汉赋唐律、四六文体，以至于八股文的理想典范，它们都倾向于对称、比例、整齐、谐和之美。然而，玉质的坚贞而温润，它们的色泽的空灵幻美，却领导着中国的玄思，趋向精神人格之美的表现。它的影响，显示于中国伟大的文人画里。文人画的最高境界，是玉的境界。倪云林画可以代表。不但古之君子比德于玉，中国的画、瓷器、书法、诗、七弦琴，都以精光内敛、温润如玉的美为意象。

然而，孔子更进一步求"礼之本"。礼之本在仁，在于音乐的精神。理想的人格，应该是一个"音乐的灵魂"。刘向《说苑》里有这么一段记载：

孔子至齐郭门外，遇婴儿，其视精，其心正，其行端。孔子曰："趣驱之，趣驱之，韶乐将作！"

他在一个婴儿的灵魂里，听到他素所倾慕的韶乐将作（子在齐闻韶，三月不知肉味）。《说苑》上这段记载，虽未必可靠，却是极有意义。可以想见孔子酷爱音乐的事迹已经谣传成为神话了。

社会生活的真精神在于亲爱精诚的团结，最能发扬和激励团结精神的是音乐！音乐使我们步调整齐，意志集中，团结的行动有力而美。中国人感到宇宙全体是大生命的流行，其本身就是节奏与和谐。人类社会生活里的礼和乐，是反射着天地的节奏与和谐。一切艺术境界都根基于此。

但西洋文艺自希腊以来所富有的"悲剧精神"，在中国艺术里却得不到充分的发挥，且往往被拒绝和闪躲。人性由剧烈的内心矛盾才能掘发出的深度，往往被浓挚的和谐愿望所淹没。固然，中国人心灵里并不缺乏他雍穆和平大海似的幽深，然而，由心灵的冒险，不怕悲剧，以窥探宇宙人生的危岩雪岭，发而为莎士比亚的悲剧、贝多芬的乐曲，这却是西洋人生波澜壮阔的造诣！